Die angegebenen Grundpreise sind mit der Schlüsselzahl des Börsenvereins zu vervielfältigen.

Mathematisch=Physikalische Bibliothek

Gemeinverständliche Darstellungen aus der Mathematik u. Physik. Unter Mitwirkung von Fachgenossen hrsg. von

Dr. W. Lietzmann und Dr. A. Witting
Oberstud.-Dir.d.Oberrealschule zu Göttingen   Oberstudienrat, Gymnasialpr. i. Dresden

Fast alle Bändchen enthalten zahlreiche Figuren. kl. 8. Kart. je M. —.70

Die Sammlung, die in einzeln käuflichen Bändchen in zwangloser Folge herausgegeben wird, bezweckt, allen denen, die Interesse an den mathematisch-physikalischen Wissenschaften haben, es in angenehmer Form zu ermöglichen, sich über das gemeinhin in den Schulen Gebotene hinaus zu belehren. Die Bändchen geben also teils eine Vertiefung solcher elementarer Probleme, die allgemeinere kulturelle Bedeutung oder besonderes wissenschaftliches Gewicht haben, teils sollen sie Dinge behandeln, die den Leser, ohne zu große Anforderungen an seine Kenntnisse zu stellen, in neue Gebiete der Mathematik und Physik einführen.

Bisher sind erschienen (1912/23):

Der Begriff der Zahl in seiner logischen und historischen Entwicklung. Von H. Wieleitner. 2., durchgeseh. Aufl. (Bd. 2.)
Ziffern und Ziffernsysteme. Von E. Löffler. 2., neubearb. Aufl. I: Die Zahlzeichen der alten Kulturvölker. (Bd. 1.) II: Die Z. im Mittelalter und in der Neuzeit. (Bd 34)
Die 7 Rechnungsarten mit allgemeinen Zahlen. Von H. Wieleitner. 2. Aufl. (Bd. 7.)
Abgekürzte Rechnung. V. A. Witting. (Bd. 47)
Einführung in die Infinitesimalrechnung. Von A. Witting. 2 Aufl I: Die Differential-, II: Die Integralrechnung. (Bd 9 u. 41.)
Wahrscheinlichkeitsrechnung. V. O. Meißner. 2. Auflage. I: Grundlehren. (Bd. 4.) II: Anwendungen. (Bd. 33.)
Vom periodischen Dezimalbruch zur Zahlentheorie. Von A. Leman. (Bd. 19.)
Kreisevolventen und ganze algebraische Funktionen. Von H Önnen. (Bd. 51.)
Der pythagoreische Lehrsatz mit einem Ausblick auf das Fermatsche Problem. Von W. Lietzmann. 2. Aufl. (Bd. 3.)
Methoden zur Lösung geometrischer Aufgaben Von B. Kerst. (Bd. 26.)
Einführung in die Trigonometrie. Von A. Witting (Bd. 43)
Ebene Geometrie. Von B. Kerst. (Bd. 10.)
Nichteuklidische Geometrie in der Kugelebene. Von W. Dieck. (Bd. 31)
Der Goldene Schnitt. V. H. E. Timerding. (32.)
Darstellende Geometrie d. Geländes u. verw. Anwend. d. Methode d. kotiert. Projektionen. Von R. Rothe. 2., verb Aufl. (Bd. 35 36.)
Konstruktionen in begrenzter Ebene. Von P. Zühlke. (Bd. 11.)
Einführung in die projektive Geometrie. Von M. Zacharias. 2. Aufl. (Bd. 6.)
Funktionen, Schaubilder, Funktionstafeln. Von A. Witting. (Bd. 48.)
Einführung i. d. Nomographie. V. P. Luckey. I. Die Funktionsleiter. (28.) II. Die Zeichnung als Rechenmaschine. (37.)

Theorie und Praxis des logarithm. Rechenschiebers. V. A. Rohrberg. 2. Aufl. (Bd. 23)
Die Anfertigung mathemat. Modelle. (Für Schüler mittl. Kl.) Von K. Giebel. (Bd. 16.)
Karte und Kroki. Von H. Wolff. (Bd. 27.)
Die Grundlagen unserer Zeitrechnung. Von A. Baruch. (Bd. 29.)
Die mathemat. Grundlagen d. Variations- u. Vererbungslehre. v. P. Riebesell. Bd. 24.)
Mathematik u. Biologie. V. M. Schips. (Bd. 42.)
Beispiele zur Geschichte der Mathematik. Von A. Witting und M Gebhard. (Bd. 15.)
Wie man einstens rechnete. Von Studienrat E. Fettweis (Bd. 49.)
Mathematiker-Anekdoten. Von W. Ahrens. 2 Aufl. (Bd. 18.)
Die Quadratur d. Kreises. Von E. Beutel. 2. Aufl. (Bd. 12.)
Wo steckt der Fehler? Von W. Lietzmann und V. Trier. 3. Aufl. (Bd. 52.)
Trugschlüsse. Gesammelt von W. Lietzmann. 3. Aufl. des 1. Teiles von: Wo steckt der Fehler? (Bd. 53.)
Geheimnisse der Rechenkünstler. Von Ph. Maennchen. 2. Aufl. (Bd. 13.)
Riesen und Zwerge im Zahlenreiche. Von W Lietzmann. 2 Aufl (B: 25.)
Die mathematischen Grundlagen der Lebensversicherung. Von H. Schütze. (Bd. 46.)
Die Fallgesetze Von H. E. Timerding. 2. Aufl. (Bd. 5.)
Atom- und Quantentheorie. Von P. Kirchberger. (Bd. 44/45.)
Ionentheorie. Von P. Bräuer. (Bd. 38.)
Das Relativitätsprinzip. Leichtfaßlich entwickelt von A. Angersbach. (Bd. 39.)
Dreht sich die Erde? Von W. Brunner. (17.)
Theorie der Planetenbewegung. Von P. Meth. 2., umg. Aufl. (Bd 8.)
Beobachtung d. Himmels mit einfach. Instrumenten. Von Fr. Rusch. 2. Aufl. (Bd 14.)
Mathem. Streifzüge durch die Geschichte der Astronomie. Von P. Kirchberger. (Bd. 40.)

In Vorbereitung: Herold, Zinseszins-, Renten- und Anleiherechnung. Wicke, Konforme Abbildungen. Winkelmann, Der Kreisel. Wolff, Feldmessen und Höhenmessen.

Springer Fachmedien Wiesbaden GmbH

Anfragen ist Rückporto beizufügen

MATHEMATISCH-PHYSIKALISCHE BIBLIOTHEK

HERAUSGEGEBEN VON **W. LIETZMANN** UND **A. WITTING**

=============== 53 ===============

TRUGSCHLÜSSE

GESAMMELT VON

Dr. W. LIETZMANN

OBERSTUDIENDIREKTOR DER OBERREALSCHULE
IN GÖTTINGEN

DRITTE STARK VERMEHRTE AUFLAGE
DES ERSTEN TEILES VON „WO STECKT
DER FEHLER?"

MIT 27 FIGUREN IM TEXT

Springer Fachmedien Wiesbaden GmbH 1923

SCHUTZFORMEL FÜR DIE VEREINIGTEN STAATEN VON AMERIKA
Copyright 1923 by Springer Fachmedien Wiesbaden
Ursprünglich erschienen bei B. G. Teubner in Leipzig 1923.
ALLE RECHTE,
EINSCHLIESSLICH DES ÜBERSETZUNGSRECHTS, VORBEHALTEN

ISBN 978-3-663-15228-6   ISBN 978-3-663-15791-5 (eBook)
DOI 10.1007/978-3-663-15791-5

VORWORT

Die erste Auflage des Bändchens „Wo steckt der Fehler?" enthielt eine Sammlung von 36 Trugschlüssen. In den zehn Jahren, die seit jener ersten Zusammenstellung verflossen sind, ist die Zahl der mir bekannt gewordenen Trugschlüsse, nicht zum geringsten Teil dank der regen Mitarbeit meiner Leser, so groß geworden, daß ich es wagen kann, ihnen ein eigenes Bändchen unserer Bibliothek zu widmen, das nun 101 ausgewählte Exemplare der Sammlung enthält. Ich habe dabei die Grenzen etwas weiter gesteckt, als es zuerst geschah, glaube aber, daß trotzdem der Bereich der Schulmathematik nicht überschritten ist.

Ich werde mich freuen, wenn auch in Zukunft wieder so viele Leser wie bisher mich mit Einsendungen weiterer Prachtstücke für meine Sammlung erfreuen, und wenn ich dann, sollte das Büchlein noch einmal eine weitere Auflage erleben, ebenso meinen herzlichen Dank allen freundlichen Gebern abstatten kann, wie ich es diesmal tue.

Göttingen, Januar 1923.

W. Lietzmann.

INHALT

	Seite
Vorwort	III
Zur Einleitung: 1 bis 12	1
I. Arithmetik: 1 bis 18	7
II. Algebra: 1 bis 5	13
III. Wahrscheinlichkeitslehre: 1 bis 5	15
IV. Logik und Mengenlehre: 1 bis 8	18
V. Planimetrie: 1 bis 16	22
VI. Trigonometrie, Stereometrie und analytische Geometrie: 1 bis 6	34
VII. Analysis des Unendlichen	
a) Allgemeines vom Grenzbegriff: 1 bis 5	37
b) Von den unendlichen Reihen: 6 bis 16	40
c) Aus der Differentialrechnung: 17 bis 22	45
d) Aus der Integralrechnung: 23 bis 26	49
VIII. Einige Beispiele aus der Physik: 1 bis 5	51

ZUR EINLEITUNG

Gegenstand dieses Büchleins sind Trugschlüsse. Ihnen pflegt man die Fehlschlüsse gegenüberstellen[1]), indem man bei den Trugschlüssen oder Sophismen die Absicht zu täuschen als wesentlich ansieht, während bei den Fehlschlüssen derjenige, der sie begeht, in gutem Glauben handelt. Natürlich ist diese Unterscheidung nicht scharf. Manchen Fehlschluß, der mir heute begegnet, kann ich morgen in der Gestalt eines Trugschlusses weitergeben, und ebenso kommen ganz bekannte Trugschlüsse immer und immer wieder als unabsichtlich begangene Fehler vor.

Man hat wohl versucht, die „Fallacien", unter welchem Namen man Trugschlüsse und Fehlschlüsse manchmal vereinigt, hinsichtlich der Art ihrer Fehler zu gruppieren[2]), doch ist im allgemeinen wenig damit anzufangen aus einem begreiflichen Grunde. Man pflegt nämlich bei Beweisen und Überlegungen vielfach nicht alle Zwischenglieder der logischen Entwicklung anzugeben. Sehr oft nun wird die Sünde des Fehlers an diesen nicht näher ausgeführten Stellen begangen. So gehören sehr viele Fehlschlüsse und Trugschlüsse in die große Klasse derjenigen, bei denen irgendein nicht näher bezeichneter Punkt als selbstverständlich angesehen wird.

Es ist gerade die Kunst bei der Aufstellung und noch mehr beim Vortrag eines Trugschlusses, den absichtlich begange-

---

[1]) Mit den Fehlschlüssen befaßt sich das Bändchen W. Lietzmann und V. Trier, Wo steckt der Fehler? (Mathematisch-physikalische Bibliothek 10) 3. Aufl. Leipzig 1923, Teubner.
[2]) Ich nenne z. B. J. Stuart-Mill, System der deduktiven und induktiven Logik, deutsch von J. Schiel, 4. Aufl. 2. Teil S. 319 ff., Braunschweig 1877, Vieweg.

nen Fehler so zu verdecken, daß er zunächst unbemerkt bleibt, daß Leser oder Hörer erst am absurden Ergebnis merken: irgendwie hast du dich irreführen lassen. Die Absicht wird nicht bei jedermann, auch nicht bei jedem Problem in gleich guter Weise erreicht werden. Es gibt sehr bedächtige Leute, und ihnen ist schwer beizukommen, zumal wenn die merkwürdige Behauptung sie doppelt vorsichtig macht. Es kommt auch darauf an, in welchem Maße der Leser mit den Rechen- und Beweismitteln bekannt ist. Die Trugschlüsse, die sich der Ungleichungen bedienen, glaubte ich z. B. nur deshalb der Reihe der übrigen einfügen zu dürfen, weil in Deutschland die Lehre der Ungleichungen im Unterricht nur stiefmütterlich bedacht ist. Für einen, der mit Ungleichungen viel gearbeitet hat, handelt es sich um ganz „hagebüchene" Fehler. Ähnlich steht es mit den Beispielen aus der Reihenlehre und den einfachsten Beispielen aus der Analysis.

Trugschlüsse müssen also maskiert sein, wenn sie wirken sollen, wenn der Leser oder Hörer überrascht sein soll. Geschieht das nicht, so ist die Sache trivial und reizlos. Ich gebe drei Beispiele, die uns in verhüllter Form in den ersten beiden Abschnitten mehrfach wieder begegnen werden:

1. Aus $$0 \cdot 7 = 0 \cdot 8$$
folgt durch Wegheben des links und rechts gemeinsamen Faktors 0 $$7 = 8.$$

2. Es ist $$(-a)^2 = (+a)^2.$$
Zieht man beiderseits die Quadratwurzel, so ergibt sich
$$-a = +a.$$

3. Es werden zwei Gleichungen ersten Grades mit zwei Unbekannten vorgelegt:
$$x + y = 1,$$
$$x + y = 2.$$
Daraus schließt man $1 = 2.$

Allerdings kann ein Trugschluß unter Umständen in Sexta am Platze sein, der dem größeren Schüler nur noch ein Lächeln entlockt. Ich erinnere etwa an die bekannte Scherzfrage: Wie kann man zeigen, daß $45 - 45 = 45$ ist?[1]

4. Es ist
$$9 + 8 + 7 + 6 + 5 + 4 + 3 + 2 + 1 = 45$$
$$1 + 2 + 3 + 4 + 5 + 6 + 7 + 8 + 9 = 45.$$

Ich will nun die zweite Zeile von der ersten subtrahieren und beginne nach den bekannten Subtraktionsregeln von rechts: 9 von 1 geht nicht, borge ich mir eins, 9 von 11 ist 2; 8 von 1 geht nicht, borge ich mir eins, 8 von 11 ist 3; so fahre ich fort: 7 von 12 ist 5; 6 von 13 ist 7; 5 von 14 ist 9; 4 von 5 ist 1; 3 von 7 ist 4; 2 von 8 ist 6; 1 von 9 ist 8. Ich erhalte also

$$8 + 6 + 4 + 1 + 9 + 7 + 5 + 3 + 2 = 45$$

und habe gezeigt, daß in der Tat $45 - 45 = 45$ ist.

Freilich, gelegentlich sind auch derartige Trugschlüsse, bei denen der Fehler sofort auf der Hand liegt, nicht ohne Reiz. — Einige Beispiele dieser Art.

5. Zunächst eine sehr bekannte Geschichte. Jemand geht in ein Geschäft und kauft sich ein Bild für 15 ℳ. Anderen Tages kommt er ins Geschäft zurück: Er wolle das Bild umtauschen. Er sucht sich ein anderes aus, das 30 ℳ kostet. Ohne zu zahlen geht er hinaus. Der Geschäftsinhaber hält ihn zurück. Da sagt der Schlauberger: Ich habe Ihnen ja das Bild im Werte von 15 ℳ hiergelassen, und gestern habe ich Ihnen 15 ℳ bar bezahlt. Das macht zusammen 30 ℳ. Wir sind also quitt!

6. Nicht minder interessant, aber weniger bekannt ist die folgende Überlegung: Man hört oft, daß die Zahl der Menschen in früheren Zeiten weit geringer gewesen sei als in der Gegenwart. Eine einfache Überlegung lehrt, wie falsch diese Ansicht ist. Es sei die Anzahl der gegenwärtig lebenden Menschen n. Jeder dieser n Menschen hat einen Vater und eine Mutter gehabt, also 2 Eltern; die Zahl seiner Großeltern beträgt insgesamt 4. Geht man bis zur $p$ten Generation zu-

---

[1] Dieses Beispiel und einige andere der Einleitung sind meinem Büchlein: W. Lietzmann, Lustiges und Merkwürdiges von Zahlen und Formen, Leipzig 1922, Hirt, entnommen.

rück, so ist die Zahl aller seiner Urahnen in dieser Generation 2^p. Wir nehmen jetzt an, daß die Zahl der Jahre, die einer Generation entspreche, 30 sei; das ist eher zu viel als zu wenig gerechnet. Dann hat also der einzelne Mensch, wenn man $30 \cdot p$ Jahre zurückgeht, 2^p Urahnen, die zu dieser Zeit lebten. Für n Menschen macht das $n \cdot 2^p$ Urahnen. Da 2^{10} ungefähr 1000 ist, so lebten also bereits vor 300 Jahren etwa 1000mal so viel Menschen als in der Gegenwart, vor 600 Jahren sogar 1 000 000 mal so viel und so fort.

7. Schließlich noch ein etwas entlegeneres Beispiel. Der folgende Satz ist zu beweisen: An einer Geraden sind die Punkte A, O, M, B, N in der angegebenen Reihenfolge so angeschrieben, daß $AO = OB$ und $\dfrac{OM}{OB} = \dfrac{OB}{ON}$ ist. Es soll bewiesen werden, daß
$$\frac{AM}{MB} = \frac{AN}{BN}$$
ist. Die Lösung, die einmal ein Schüler tatsächlich gegeben hat, geht so: Man kürzt die letztgenannten Brüche, den einen durch M, den andern durch N, und erhält dadurch
$$\frac{A}{B} = \frac{A}{B}.$$
Das ist sicher richtig, mithin auch der zu beweisende Satz.

Man kann an die Stelle ausgeführter Trugschlüsse auch eine Frage setzen; man gibt also nicht die falsche Lösung an und fordert dann die Aufdeckung des Trugschlusses. Häufig wird dann der Antwortende den Trugschluß begehen, der ihm durch die Fassung der Aufgabe nahe gelegt wird, zumal bei einiger Geschicklichkeit des Fragenden.

8. Die Frage, wieviel ein Buch und sein Einband kosten, wenn das gebundene 110 ℳ kostet und das Buch 100 ℳ teurer als sein Einband ist, wird der in Mathematik wenig geübte Antwortende fast regelmäßig dahin — falsch — beantworten, daß 100 ℳ das ungebundene Buch, 10 ℳ der Einband kostet.

9. Jemand kauft beim Kaufmann eine Tafel Schokolade zu 6,— ℳ. Er bezahlt mit einem Zehnmarkschein. Der Kaufmann kann nicht herausgeben, er wechselt beim Nachbar den Schein und gibt nun dem Käufer 4,— ℳ heraus. Tags

darauf bringt der Nachbar den Schein zurück, er ist gefälscht. Der Kaufmann muß, nachdem er schon dem Käufer 4,— ℳ in richtigem Gelde gegeben, wohl oder übel auch noch dem Nachbar 10 ℳ in richtigem Gelde geben. Wieviel hat er verloren? Der vorschnelle Schüler wird erst 14,— ℳ raten, dann vielleicht noch den Verlust der Tafel Schokolade hinzufügen — ohne im Augenblick daran zu denken, daß der Kaufmann ja auch die 10,— ℳ richtigen Geldes vom Nachbar vereinnahmt hat.

10. Ein D-Zug, der von Köln nach Berlin fährt, und ein Personenzug, der von Berlin nach Köln fährt, treffen sich. Der D-Zug hat eine Stundengeschwindigkeit von 80 km, der Personenzug nur eine solche von 40 km. Welcher von den beiden Zügen ist weiter von Berlin entfernt, der D-Zug oder der Personenzug?

Man mache den Versuch und wird überrascht sein, wie viele Leute man mit dieser Frage hineinlegen kann.

Eine eigene Klasse von Trugschlüssen bilden diejenigen, bei denen gänzlich falsche Rechnungen zum richtigen Ergebnis führen. Die Überraschung liegt hier eben darin, daß an Stelle des erwarteten falschen Resultats das richtige erscheint. Für diese Gattung nur zwei Beispiele:

11. In $\frac{26}{65}$ oder $\frac{16}{64}$ kann man ungestraft die 6 „kürzen", man erhält doch das richtige Ergebnis.

12. In $\sqrt{5\frac{5}{24}}$ kann man die 5 einfach vor das Wurzelzeichen ziehen oder in $\sqrt{12\frac{12}{143}}$ die 12. In der Tat ist

$$\sqrt{5\tfrac{5}{24}} = 5\sqrt{\tfrac{5}{24}}; \quad \sqrt{12\tfrac{12}{143}} = 12\sqrt{\tfrac{12}{143}}.$$

Allgemein[1]) ist nämlich

$$\sqrt{n + \frac{n}{n^2-1}} = n\sqrt{\frac{n}{n^2-1}}.$$

---

1) Über eine Verallgemeinerung dieser Formel vgl. z. B. die S. 3 Anm. 1 genannte Schrift.

Ich habe bei den verbreiteteren und in der Literatur[1]) mehrfach angegebenen Trugschlüssen von Quellenangaben abgesehen. Bei solchen Trugschlüssen jedoch, die mir auf brieflichem Wege zugegangen sind, und bei denen ich annehme, daß sie neu sind, gebe ich den Autornamen an. Über die Geschichte der Trugschlüsse ist, von einigen ganz besonderen Beispielen wie etwa dem Paradoxon des Zeno[2]) abgesehen, sehr wenig bekannt. Vielfach werden solche Scherze von Mund zu Mund weitererzählt, erst später hat sie vielleicht jemand (meist ohne Namenangabe) irgendwo veröffentlicht, ohne daß man weiß, ob das nun auch wirklich die erste Wiedergabe ist, ob nicht in irgendeinem Familienblatt oder in einer Jugendschrift der Fall schon vorher erwähnt ist.

Und nun noch ein Wort darüber, wie ich mir die Lektüre dieser Trugschlüsse denke. Mit dem Erstaunen über das falsche Ergebnis und dem daraus abgeleiteten Trugschluß, daß die über alle Täuschung erhabene Mathematik auch einmal versagt, ist es nicht genug. Der Fehler will natürlich entdeckt und erkannt sein. Ich habe das ganz und gar dem Leser überlassen und es sogar vermieden, auch nur Andeutungen in dieser Richtung zu machen. Aber auch das Aufdecken der Fehler durch den Leser scheint mir noch nicht das rechte Endziel. Man lasse sich nicht damit genügen, den Finger auf die Stelle zu legen, wo der Fehler steckt. Man versuche ihn auf eine knappe Form zu bringen, den Fehler gleichsam aus der mehr oder weniger verbergenden Einkleidung herauszuschälen. Vielleicht ist es auch ratsam, selbst eine andere Einkleidung zu ersinnen. — Der Kern nicht we-

---

1) Von den größeren Schriften über Unterhaltungsmathematik, die auch Trugschlüsse berücksichtigen, manchmal allerdings nur eine verschwindend geringe Zahl, nenne ich: W. Ahrens, Mathematische Spiele (Aus Natur und Geisteswelt, Bd. 170) 4. Aufl. Leipzig 1919, Teubner. W. W. Rouse Ball, Mathematical Recreations and Essays, 5. Aufl., London 1919, Macmillan. J. Ghersi, Mathematique dilettevole e curiosa, Milano 1913, Hoepli. E. Lucas, Récréations mathématiques, 4 Bd., z. T. in 2. Aufl., Paris 1883 bis 1894, Gautier-Villars. H. Schubert, Mathematische Mußestunden, 3 Bd., 2. Aufl. Leipzig 1900, Göschen.

2) Vgl. F. Cajori, The History of Zeno's Arguments on Motion. The American Mathematical Monthly 22 (1915) S. 1 ff.

niger dieser Trugschlüsse hat in der Geschichte der Mathematik eine Rolle gespielt; einige Trugschlüsse können geradezu als Ausgangspunkte für neue Wege mathematischer Forschung angesehen werden.

I. ARITHMETIK

1. Es ist
$$2 \text{ kg} = 2000 \text{ g},$$
$$3 \text{ kg} = 3000 \text{ g}.$$
Gleiches mit Gleichem multipliziert gibt Gleiches, also ist
$$6 \text{ kg} = 6\,000\,000 \text{ g}.$$

2. $\sqrt{2500 \text{ ₰}} = \sqrt{50 \text{ ₰} \cdot 50 \text{ ₰}} = \sqrt{\frac{1}{2} \mathcal{M} \cdot \frac{1}{2} \mathcal{M}}$
$$= \sqrt{\frac{1}{4} \mathcal{M}} = \sqrt{25 \text{ ₰}} = 5 \text{ ₰},$$

oder[1]): Es ist $\quad \frac{1}{4} \mathcal{M} = 25 \text{ ₰},$

folglich $\quad \sqrt{\frac{1}{4} \mathcal{M}} = \sqrt{25 \text{ ₰}},$

folglich $\quad \frac{1}{2} \mathcal{M} = 5 \text{ ₰}.$

3. Wendet man auf die folgenden zwei Sätze:

1 Katze hat 4 Beine,

0 Katze hat 3 Beine

(den letzten Satz lies: Keine Katze hat 3 Beine) den Grundsatz an: „Gleiches zu Gleichem addiert gibt Gleiches", so erhält man das merkwürdige Ergebnis: 1 Katze hat 7 Beine.

4. Ein Vater hinterließ bei seinem Tode 3 Söhne und 17 Kamele. Er hatte bestimmt, diese Kamele so zu verteilen, daß der älteste Sohn die Hälfte, der zweite ein Drittel, der jüngste ein Neuntel der Kamelherde erben solle. Als sich

---

[1]) Die erste Fassung hat ein Schüler einer Hamburger Realschule in Befolgung des oben gegebenen Rates nach dem in Nr. 1 gegebenen Trugschluß erdacht.

die drei genug herumgestritten hatten, ohne sich zu einigen, kam ein alter Mann daher mit einem alten abgetriebenen Kamel. Er erklärte sich sofort bereit, die Teilung vorzunehmen und sein eigenes Tier zur Verfügung zu stellen. So erhielt denn der älteste Sohn von den jetzt vorhandenen 18 Kamelen 9, der zweite 6, der dritte 2. Eines blieb übrig — es war nicht gerade jenes abgetriebene des Alten, sondern eines aus der wohlgenährten Herde des Verstorbenen. Mit ihm zog der hilfreiche Alte befriedigt von dannen.

5. *Jede Zahl ist gleich ihrem Doppelten.* Es ist

$$a^2 - a^2 = a^2 - a^2.$$

Zieht man links a vor die Klammer und wendet man rechts die Formel $\quad (x + y)(x - y) = x^2 - y^2$

an, so folgt $\quad a \cdot (a - a) = (a + a) \cdot (a - a).$

Dividiert man jetzt beide Seiten durch den Faktor $(a - a)$, so erhält man das Ergebnis

$$a = 2a.$$

Der Trugschluß läßt sich auch in eine andere Form kleiden. Es sei $x = 1$, dann ist $x^2 = 1$ oder $x^2 - 1 = 0$, also nach der Division durch $x - 1$ auch $x + 1 = 0$, d. h. auch $x = -1$. Daraus folgt $1 = -1$ oder auch $2a = 0$, d. h. jede beliebige Zahl ist Null. — Es ist also nicht schwer, das Sprichwort „Einmal ist keinmal" mathematisch zu beweisen!

6. *Alle Zahlen sind einander gleich.* Es seien a und b zwei Zahlen, und zwar sei etwa $a > b$. Dann führt man eine positive Zahl c so ein, daß

$$a = b + c$$

ist. Multipliziert man diese Gleichung mit $a - b$, so erhält man:

$$a \cdot a - a \cdot b = a \cdot b + a \cdot c - b \cdot b - b \cdot c,$$
$$a \cdot a - a \cdot b - a \cdot c = a \cdot b - b \cdot b - b \cdot c.$$
$$a \cdot (a - b - c) = b \cdot (a - b - c),$$

und wenn man durch den gemeinsamen Faktor beiderseits dividiert: $\quad a = b.$

Arithmetische Umformungen

7. 4 = 5. In einer Badezelle in Weimar wurde, wie mir berichtet wurde, im Jahre 1892 der folgende Beweis angeschrieben gefunden. Wir legen vor

$$a = b + c,$$

multiplizieren mit 5 $\quad 5a = 5b + 5c$

und addieren $\quad 4b + 4c = 4a$

und subtrahieren noch $\quad 9a = 9a,$

dann folgt $\quad 4b + 4c - 4a = 5b + 5c - 5a$

oder $\quad 4(b + c - a) = 5(b + c - a).$

Daraus folgt sofort die behauptete Tatsache.

8. Beweis, daß $2 \times 2 = 5$ ist. Es gibt ein Theaterstück: $2 \times 2 = 5$. Wenn die Güte eines Theaterstückes der Anzahl der Aufführungen proportional ist, muß es sehr schön sein. Ich weiß leider nicht, ob in diesem Theaterstück die Richtigkeit der Titelgleichung bewiesen wird. Jedenfalls könnte es außer nach dem Vorbilde von Nr. 7 auch noch in folgender Weise geschehen. Es ist:

$$16 - 36 = 25 - 45;$$

$$16 - 36 + \frac{81}{4} = 25 - 45 + \frac{81}{4};$$

$$\left(4 - \frac{9}{2}\right)^2 = \left(5 - \frac{9}{2}\right)^2;$$

$$4 - \frac{9}{2} = 5 - \frac{9}{2};$$

$$4 = 5.$$

9. Eine Zahl ändert ihren Wert nicht, wenn man 1 zu ihr addiert. Es ist[1])

$$n^2 - n(2n + 1) = (n + 1)^2 - (n + 1)(2n + 1),$$

wovon man sich leicht durch Ausmultiplizieren überzeugt. Daraus folgt:

$$n^2 - n(2n + 1) + \left(\frac{2n+1}{2}\right)^2$$
$$= (n + 1)^2 - (n + 1)(2n + 1) + \left(\frac{2n+1}{2}\right)^2;$$

---
[1]) Nr. 8 ist ein Sonderfall von Nr. 9.

$$\left(n - \frac{2n+1}{2}\right)^2 = \left((n+1) - \frac{2n+1}{2}\right)^2,$$
$$n - \frac{2n+1}{2} = n + 1 - \frac{2n+1}{2},$$
$$n = n + 1.$$

10. $2 = -2$. Es ist
$$\sqrt{-1} \cdot \sqrt{-4} = \sqrt{(-1)(-4)} = \sqrt{4} = 2.$$
Andererseits ist aber
$$\sqrt{-1} \cdot \sqrt{-4} = i \cdot 2i = -2.$$
Daraus folgt die Behauptung.

In ähnlicher Weise kann man zeigen: *Jede positive Zahl ist gleich der negativen Zahl, die denselben absoluten Wert hat.* Nach den Gesetzen über die Wurzelrechnung ist
$$\sqrt{-a} \cdot \sqrt{-a} = \sqrt{(-a) \cdot (-a)} = \sqrt{a^2} = a;$$
$$\sqrt{-a} \cdot \sqrt{-a} = (\sqrt{-a})^2 = -a;$$
folglich ist $\qquad a = -a.$

11. $i^2 = 1$. Es ist $\quad \sqrt{x-y} = i\sqrt{y-x},$

wo i bekanntlich für $\sqrt{-1}$ steht.

Diese Gleichung gilt, welche Werte auch die Größen x und y annehmen. Es ist also
$$\sqrt{a-b} = i \cdot \sqrt{b-a}$$
und ebenso $\qquad \sqrt{b-a} = i \cdot \sqrt{a-b}.$

Multipliziert man beide Gleichungen, so folgt:
$$\sqrt{a-b} \cdot \sqrt{b-a} = i^2 \cdot \sqrt{b-a} \cdot \sqrt{a-b}.$$
Nach Division durch die gemeinsamen Faktoren erhält man
$$i^2 = 1.$$

Diese Tatsache läßt sich noch auf anderem Wege „beweisen". Es ist
$$\frac{1}{-1} = \frac{-1}{1},$$
folglich $\qquad \dfrac{\sqrt{1}}{\sqrt{-1}} = \dfrac{\sqrt{-1}}{\sqrt{1}} \qquad$ oder $\qquad \dfrac{1}{i} = i.$

Es ist also $\qquad i^2 = 1.$

12. *Der Logarithmus einer negativen Zahl ist gleich dem Logarithmus der entsprechenden positiven Zahl.* Es ist

$$2 \log a = \log (a^2) = \log ([-a]^2) = 2 \log (-a),$$

also der Behauptung entsprechend

$$\log a = \log (-a).$$

Ein Sonderfall davon: *Der Logarithmus von* -1 *ist Null.* Wenn man die Gleichung

$$(-1)^2 = 1$$

logarithmiert, so erhält man:

$$2 \log (-1) = \log 1 = 0.$$

Aus diesem Ergebnis $\log (-1) = 0$ kann man noch andere überraschende Schlüsse ziehen. Es folgt daraus z. B.

$$10^0 = -1,$$

und da die linke Seite dieser Gleichung den Wert 1 hat,

$$1 = -1.$$

13. $+1 = -1$. Es sei b eine positive, von 1 verschiedene Zahl. Wir bestimmen a so, daß

$$b^a = -1$$

ist. Dann ist

$$b^{2a} = +1,$$

woraus, da $b \neq 1$ ist, folgt

$$2a = 0.$$

Also ist $a = 0$ und

$$b^a = +1,$$

woraus im Zusammenhang mit der Ausgangsgleichung unsere Behauptung folgt.

14. $2\pi = 0$.[1]) Es ist für alle φ

$$\cos \varphi = \cos (2\pi + \varphi)$$
$$\sin \varphi = \sin (2\pi + \varphi), \qquad \text{folglich}$$
$$\cos \varphi + i \sin \varphi = \cos (2\pi + \varphi) + i \sin (2\pi + \varphi).$$

---

1) Von Herrn Teege, Kiel-Wik, mitgeteilt.

Durch Potenzierung mit i und Anwendung des Moivreschen Satzes ergibt sich

$$\cos i\varphi + i \sin i\varphi = \cos i(2\pi + \varphi) + i \sin i(2\pi + \varphi).$$

Verwendet man nun aber die Formel

$$\cos x + i \sin x = e^{ix},$$

indem man x einmal $i\varphi$, das andere Mal $i(2\pi + \varphi)$ setzt, dann erhält man die Gleichung

$$e^{-\varphi} = e^{-2\pi-\varphi},$$

woraus $\qquad e^{2\pi} = 1, \ 2\pi = 0 \qquad$ folgt.

15. *Wenn $a > b$ ist, dann ist auch $a > 2b$ (a und b sind positive Zahlen).* Aus

(1) $\qquad\qquad a > b$

folgt durch Multiplikation mit b:

$$a \cdot b > b^2,$$

und ferner, wenn man beiderseits a^2 subtrahiert:

$$a \cdot b - a^2 > b^2 - a^2,$$

oder nach Division durch $b - a$:

$$a > b + a.$$

Addiert man zu dieser schon recht merkwürdigen Ungleichung jetzt die obige Ungleichung (1), so erhält man:

$$2a > 2b + a.$$

Folglich ist $\qquad a > 2b.$

16. *Jede positive Zahl ist kleiner als Null.* Es sei n eine ganze positive Zahl. Dann ist

$$2n - 1 < 2n.$$

Multipliziert man diese Ungleichung mit $-a$, wo a irgendeine positive Zahl ist, so erhält man:

$$-2an + a < -2an.$$

Folglich ist, wenn man beiderseits $2an$ addiert,

$$a < 0.$$

17. $\frac{1}{8}$ *ist größer als* $\frac{1}{4}$. Es ist
$$\log \frac{1}{2} = \log \frac{1}{2}$$
$$3 > 2.$$
Durch Multiplikation erhält man:
$$3 \log \frac{1}{2} > 2 \log \frac{1}{2}$$
$$\log \left(\frac{1}{2}\right)^3 > \log \left(\frac{1}{2}\right)^2$$
$$\left(\frac{1}{2}\right)^3 > \left(\frac{1}{2}\right)^2$$
und das ist die Behauptung.[1])

18. $-1 > +1$. Wenn in der Proportion
$$\frac{a}{b} = \frac{c}{d}$$
der links stehende Bruch größer als 1 ist, so muß es auch der rechts stehende sein, mit anderen Worten: aus
$$a > b \quad \text{folgt} \quad c > d.$$
Nun ist die Produktengleichung der Proportion
$$a \cdot d = b \cdot c$$
offenbar erfüllt, wenn man
$$a = 1, \ b = -1, \ c = -1, \ d = +1 \quad \text{setzt.}$$
Hier ist $\qquad\qquad a > b,$
also muß auch $\qquad\quad c > d$
sein, d. h. $\qquad\qquad -1 > +1.$

II. ALGEBRA

1. Vorgelegt sind die Gleichungen
$$2x + y = 8 \quad \text{und} \quad x = 2 - \frac{y}{2}.$$

---

[1]) Diesen Trugschluß teilte mir Herr Distley-Nürnberg mit.

Man setzt, um die Gleichungen zu lösen, den Wert von x aus der zweiten Gleichung in die erste ein und erhält:
$$4 - y + y = 8.$$
Daraus folgt: $\qquad 4 = 8.$

2. Die Gleichung
$$6x + 25 = 10x + 15$$
behandelt jemand folgendermaßen: Es ist
$$3(2x - 5) = 5(2x - 5);$$
folglich ist $\qquad 3 = 5.$

3. Die Gleichung
$$\frac{x+5}{x-7} - 5 = \frac{4x-40}{13-x}$$
löst jemand folgendermaßen:
$$\frac{x+5-5(x-7)}{x-7} = \frac{4x-40}{13-x};$$
$$-\frac{4x-40}{x-7} = \frac{4x-40}{13-x};$$
$$\frac{4x-40}{7-x} = \frac{4x-40}{13-x}$$
und folgert daraus, daß $7 = 13$ ist.

4. *Zwei beliebige Zahlen sind einander gleich.* Vorgelegt ist die Gleichung $\quad (x-a)^2 = (x-b)^2.$

Zieht man beiderseits die Quadratwurzel, so erhält man:
$$x - a = x - b; \quad \text{folglich ist} \quad a = b.$$

5. Die Gleichungen zweiten Grades mit zwei Unbekannten

(1) $\qquad 2x^2 - 3xy + y^2 = 4$

(1) $\qquad x^2 + 2xy - 3y^2 = 9$

sind vorgelegt. Man multipliziert die beiden Gleichungen „übers Kreuz":
$$9(2x^2 - 3xy + y^2) = 4(x^2 + 2xy - 3y^2),$$
ordnet $\qquad 14x^2 - 35xy + 21y^2 = 0$

und dividiert durch 7:

$$2x^2 - 5xy + 3y^2 = 0.$$

Nach Division durch y^2 erhält man für $\left(\frac{x}{y}\right)$ die quadratische Gleichung $\quad 2\left(\frac{x}{y}\right)^2 - 5\frac{x}{y} + 3 = 0.$

Die zwei Lösungen liefern:

$$\left(\frac{x}{y}\right)_1 = 1\frac{1}{2}, \quad \left(\frac{x}{y}\right)_2 = 1.$$

Setzt man $x = 1\frac{1}{2}y$ etwa in die erste Gleichung (1) ein, so erhält man die Wurzeln

$$y_{1,2} = \pm 2; \quad x_{1,2} = \pm 3.$$

Setzt man aber, die zweite Lösung ausnutzend, $x = y$, dann erhält man aus der ersten Gleichung $0 = 4$, aus der zweiten $0 = 9$. Beides recht merkwürdige Ergebnisse!

III. WAHRSCHEINLICHKEITSLEHRE

1. *Es ist* $\frac{2}{3} = \frac{3}{4}$. Bei einer Münze unterscheidet man Kopfseite (K) und Wappenseite (W). Wie groß ist die Wahrscheinlichkeit, daß bei zweimaligem Wurf wenigstens einmal Wappen fällt? Es macht für die Beantwortung der Frage nichts aus, ob wir zweimal nacheinander mit einer oder gleichzeitig mit zwei Münzen werfen. Betrachten wir den ersten Fall: Beim ersten Wurf haben wir entweder Wappen, also einen günstigen Fall, oder wir werfen Kopf. Dann werfen wir noch das zweite Mal und bekommen entweder Wappen oder Kopf. Zwei günstigen Fällen steht ein ungünstiger Fall gegenüber. Die Wahrscheinlichkeit ist also $\frac{2}{3}$.

Betrachten wir andererseits den zweiten Fall, den gleichzeitigen Wurf zweier Münzen: Wir haben diesmal vier mögliche Fälle zu unterscheiden, die kurz mit WW, WK, KW und KK bezeichnet werden können. Günstig sind drei Fälle. Mithin ist die Wahrscheinlichkeit, Wappen zu werfen, $\frac{3}{4}$.[1])

---

[1]) Eine der beiden Überlegungen ist ein Fehlschluß, der von d'Alembert (1754) in einem Artikel der Encyclopédie begangen worden ist.

16 III. Wahrscheinlichkeitslehre

2. $\frac{1}{2} = \frac{1}{4}$. Ich werfe drei Münzen gleichzeitig und frage, wie groß die Wahrscheinlichkeit ist, daß alle drei die gleiche Seite, sei es Kopf oder sei es Wappen, zeigen. Die Wahrscheinlichkeit dafür, daß alle drei Münzen Kopf zeigen, ist $\left(\frac{1}{2}\right)^3 = \frac{1}{8}$, die Wahrscheinlichkeit dafür, daß alle drei Münzen Wappen zeigen, ist ebenfalls $\left(\frac{1}{2}\right)^3 = \frac{1}{8}$. Die Wahrscheinlichkeit also, das eins oder das andere eintritt, ist $\frac{1}{8} + \frac{1}{8} = \frac{1}{4}$.

Die Wahrscheinlichkeit läßt sich aber auch auf Grund der folgenden Überlegung finden. Wie auch der Wurf erfolgt, *immer* sind notwendigerweise unter den drei Bildern zwei gleiche, seien es nun Köpfe oder Wappen. Die Wahrscheinlichkeit, daß auch noch die dritte Münze das gleiche Bild zeigt, ist $\frac{1}{2}$; so ergibt sich hier als Wahrscheinlichkeit $1 \cdot \frac{1}{2} = \frac{1}{2}$.

3. Die Anzahl der geraden Primzahlen ist 1, die der ungeraden unendlich. Also ist die Wahrscheinlichkeit, daß irgendeine vorgelegte Primzahl gerade ist, $\frac{1}{\infty} = 0$. Es ist also *unmöglich*, daß mir jemand die Primzahl 2 vorlegt!

Es gibt eine größte, bisher als Primzahl erkannte Zahl, sie heißt[1]) 2305843009213693951; daraus folgt, daß die Anzahl aller Primzahlen, die die Mathematiker kennen, endlich ist; sagen wir, es sind n Primzahlen bekannt. Die Anzahl *aller* Primzahlen, die es überhaupt gibt, ist aber unendlich. Also ist die Wahrscheinlichkeit, daß irgendeine mir vorgelegte beliebige Primzahl bereits bekannt ist, $\frac{n}{\infty} = 0$. Mit andern Worten, jede Primzahl, die mir vorgelegt wird, muß unbekannt sein.

4. $\frac{1}{2} = \frac{1}{3} = \frac{1}{4}$. Bertrand hat das folgende Problem gelöst und drei verschiedene Antworten erhalten: In einem Kreise wird eine Sehne beliebig gezogen. Welches ist die

---

1) Es ist das die Zahl $2^{61} - 1$.

Wahrscheinlichkeit, daß sie größer ist als die Seite des dem Kreise eingeschriebenen Dreiecks.

1. Man nimmt einen Endpunkt der Sehne fest und macht diesen Punkt zu einem Eckpunkt des eingeschriebenen gleichseitigen Dreiecks. Dann ist die Sehne größer als die Dreiecksseite, wenn sie in den Dreieckswinkel fällt. Die Gesamtzahl der möglichen Richtungen steht zu den so gegebenen günstigen Richtungen im Verhältnis von 180° zu 60°, es ist also die gesuchte Wahrscheinlichkeit $w_1 = \frac{1}{3}$.

2. Wir wählen einen beliebigen Durchmesser $2r$ und betrachten die dazu senkrechte Schar paralleler Sehnen. Nur diejenigen Sehnen sind dann größer als die Dreiecksseite, die durch Punkte des Durchmessers gehen, deren Abstände vom Kreismittelpunkt kleiner als $\frac{r}{2}$ sind. Die gesuchte Wahrscheinlichkeit wird also $w_2 = \frac{1}{2}$.

3. Wir wählen den Mittelpunkt der Sehne beliebig. Denn so wird die durch einen Punkt des Kreises gezogene kürzeste Sehne dann und nur dann größer als die Dreiecksseite, wenn der Punkt innerhalb des um den Kreismittelpunkt mit $\frac{r}{2}$ geschlagenen Kreises liegt. Dessen Fläche ist $\frac{1}{4}$ der Fläche des gegebenen Kreises; also ist $w_3 = \frac{1}{4}$.

5. *Zwei Methoden, in Monte Carlo sicher Geld zu gewinnen.*[1]) 1. Man wählt ein Spiel, bei dem die Wahrscheinlichkeit, zu gewinnen, $\frac{1}{2}$ ist, also etwa *rouge et noir*. Man setzt am 1. Tag 10 fr. Gewinnt man, setzt man noch einmal, und zwar wieder nur 10 fr. Gewinnt man, setzt man wieder 10 fr. usf. Beim ersten Verlieren hört man an diesem Tage auf. So tut man an einer langen Folge von Tagen. Der mögliche Verlust eines Tages ist dann 10 fr., der mögliche Gewinn aber 10 fr., 20 fr. usf., je nachdem nach zwei-, dreimaligem usf. Spiel aufgehört wird. Da sich einmaliger Gewinn und einmaliger Verlust in der Wahrscheinlichkeit gleich-

---

1) Die zweite Methode ist als Petersburger Paradoxon bekannt.

kommen, steht sich der Spieler mit allen Fällen, in denen er zweimal und mehr am Tage zum Spiel kommt, im Vorteil gegenüber der Bank.

2. Man wählt wieder ein Spiel mit der Wahrscheinlichkeit $\frac{1}{2}$. Man setzt 10 fr. Gewinnt man, so wiederholt man das Spiel. Verliert man, so setzt man 20 fr. Gewinnt man dann, so hat man, da man 40 fr. ausbezahlt erhält und 30 fr. in die Bank gegeben hat, einen Gesamtgewinn von 10 fr. Man beginnt von neuem wie eben mit 10 fr. Verliert man aber, so setzt man 40 fr. Gewinnt man jetzt, so ist die Auszahlung 80 fr., die gesamte Einzahlung 10 fr. + 20 fr. + 40 fr. = 70 fr. Wieder ist ein Gewinn von 10 fr. zu verzeichnen. Verliert man aber wieder, so setzt man jetzt 80 fr. Im Falle des Gewinnes stehen der Auszahlung von 160 fr. insgesamt 150 fr. Einzahlungen gegenüber. So fährt man fort. Da schließlich, wenn man nur immer auf die gleiche Farbe setzt, doch einmal die günstige Farbe kommt, so muß man schließlich auch einmal gewinnen und hat dann den zwar kleinen, aber sicheren Überschuß von 10 fr.

Bei beiden Methoden ist der Gewinn *sicher*, obwohl die Wahrscheinlichkeit des Gewinnes nur $\frac{1}{2}$ ist.

IV. LOGIK UND MENGENLEHRE

1. *Das Krokodil.* Einer Ägypterin wurde das Kind von einem Krokodil geraubt, sie forderte es zurück, und das Krokodil sagte das zu, wenn die Frau richtig angeben würde, was das Krokodil tun werde. Die Mutter sagte: „Du wirst mir mein Kind nicht wiedergeben." Darauf sagte das Krokodil: „Wenn du wirklich recht hast, bekommst du, wie du selbst sagst, dein Kind nicht zurück, hast du aber mit deinem Ausspruch unrecht, so erhältst du das Kind nach unserer Verabredung nicht zurück. In jedem Falle: ich brauche das Kind nicht zurückzugeben." Die Mutter hingegen sagte: „Im Gegenteil! Wenn ich mit meinem Ausspruch recht habe, bekomme ich das Kind auf Grund unserer Verabredung zurück, habe ich mit meinem Ausspruch unrecht, nun so gibst du ja selbst zu, daß ich das Kind zurückerhalte. In jedem Falle: ich bekomme mein Kind zurück." Wer hat recht?

Von der Weisheit der Sophisten

2. *Der Prozeß*. Euathlus hat bei Protagoras Unterricht in der Sophistik genommen. Das Honorar, so wird ausbedungen, soll erst ausgezahlt werden, wenn Euathlos seinen ersten Prozeß gewonnen hat. Euathlus führte keinen Prozeß, bezahlte aber auch natürlich sein Honorar nicht. Da verklagte ihn Protagoras. Er sagte: „Gewinne ich den Prozeß, so mußt du mir das Geld nach dem Urteilsspruch auszahlen, verliere ich ihn, so hast du deinen ersten Prozeß gewonnen und mußt mir nach unserer Verabredung das Honorar gleichfalls auszahlen." „Nein", sagte Euathlus, „gewinne ich den Prozeß, so brauche ich dir nach dem Urteilsspruch das Geld nicht auszuzahlen; verliere ich aber diesen meinen ersten Prozeß, dann brauche ich wegen unserer Abmachung gleichfalls nicht zu zahlen." Wer hat recht?

3. *Der Lügner*. Epimenides, der Kreter, sagt, alle Kreter sind Lügner; nun ist Epimenides selbst ein Kreter, also lügt er, also ist auch sein Satz von oben falsch, also sind die Kreter nicht Lügner — so etwa lautet der bekannte aus dem Altertum überlieferte Trugschluß. Schärfer und zwingender läßt sich der Trugschluß so fassen. Ein Mann sagt: „Alles, was ich sage, ist falsch." Also ist auch dieser Satz falsch, es folgt also aus der Voraussetzung, daß *nicht* alles, was der Mann sagt, falsch ist — und das steht im Gegensatz zu der Voraussetzung.

4. *Wer hat Schuld?* Jemand kauft sich eine Mütze, sie paßt ihm aber nicht, sie ist zu groß. An wem liegt das, an der Mütze oder am Kopf? Die Mütze ist jedenfalls nicht schuld, denn wenn nur der Kopf kleiner wäre, müßte sie passen. Also liegt es am Kopf! Aber auch das ist falsch. Denn wenn nur die Mütze größer wäre, würde sie passen. Also liegt es an keinem von beiden — weder an der Mütze noch am Kopf.

5. *Falsche Anwendung der Induktion*. Der Mathematiker Kummer soll das folgende Beispiel gebracht haben. 60 ist durch 2 teilbar; die Zahl ist auch durch 3 teilbar, ebenso durch 4, durch 5, durch 6; sie wird also durch alle Zahlen teilbar sein. Probieren wir es der Vorsicht halber mit einer größeren Zahl, etwa mit 12; es geht auch. Also wird es wohl stimmen. — Ein anderes Beispiel sind die bei der Lehre von der Kreisteilung auftretenden Zahlen $p = 2^{2^n} + 1$. Für $n = 0$

erhält man 3, für $n=1$ erhält man 5, für $n=2$ die Zahl 17, für $n=3$ die Zahl 257. Das sind alles Primzahlen, und auch für den Fall $n=4$ fand man eine Primzahl, nämlich 65537. Fermats Behauptung aber, die Zahlen $2^{2^n}+1$ seien sämtlich Primzahlen, hat sich nicht bewahrheitet. Für $n=5$ erhält man $2^{32}+1$, und diese Zahl ist, wie Euler gefunden hat, durch 641 teilbar. Seitdem sind weitere Fälle bekannt geworden, in denen der Fermatsche Ausdruck nicht auf Primzahlen führt.

Ich erinnere in diesem Zusammenhange daran, daß man auch bei dem großen Fermatschen Problem bisher nur auf Induktion angewiesen ist. Man ist zwar in weiten Kreisen davon überzeugt, daß die Gleichung

$$x^n + y^n = z^n$$

für $n > 2$ in ganzen Zahlen x, y, z und n nicht lösbar ist. Aber diese Ansicht stützt sich nur auf die Tatsache, daß man für eine — allerdings recht beträchtliche — Anzahl von n den Beweis der Unmöglichkeit gebracht hat.

6. *Autologische und heterologische Worte.*[1]) Manche Worte bezeichnen Eigenschaften, die sie selbst besitzen. So ist das Wort „dreisilbig" selbst dreisilbig, das Wort „français" ist französisch, das Wort „deutsch" ist deutsch usf. Solche Worte sollen autologisch heißen. Worte, die nicht autologisch sind, sollen heterologisch heißen. So sind viersilbig, französisch, spitz heterologisch. Natürlich ist die überwiegende Mehrzahl der Worte heterologisch. Ich will nun untersuchen, ob das Wort „heterologisch" heterologisch oder autologisch ist. Angenommen „heterologisch" sei heterologisch, dann ist es nach der Definition unserer beiden Begriffe autologisch, ich komme also auf einen Widerspruch. Nehme ich andrerseits an, das Wort „heterologisch" ist autologisch, so ist es nach der Begriffsdefinition heterologisch, ich komme also wieder auf einen Widerspruch. Was ist denn nun eigentlich mit dem Wort „heterologisch" los?

---

[1]) Dieses Beispiel stammt von K. Grelling und L. Nelson, die es in einer Arbeit im ersten Bande der Abhandlungen der Friesschen Schule bringen.

7. *Das Russelsche Paradoxon.*[1]) Wir unterscheiden zwei Arten von Mengen. Zur ersten Art gehören die Mengen, die sich selbst als Element enthalten. Ein Beispiel einer solchen Menge ist diejenige aller abstrakten Begriffe. Zur zweiten Art gehören die Mengen, die sich nicht selbst als Element enthalten. Ein Beispiel für diese Art, die übrigens die weitaus am häufigsten benutzten Mengen umfaßt, ist etwa die Menge der Zahlen 1, 2 und 3. Irgendeine Menge gehört entweder der einen oder der andern Art an. Wir betrachten nun diejenige Menge, welche alle Mengen der zweiten Art und nur diese umfaßt, wir nennen sie M. Gehört M zur ersten oder zur zweiten Art? Wir nehmen zuerst an, M gehöre der ersten Art an, dann ist also M ein Element von M. Nun sollte aber M nur solche Mengen umfassen, die sich selbst *nicht* als Element enthalten. Wir stoßen also bei unserer Annahme auf einen Widerspruch und müssen sie fallen lassen. So bleibt nur die andere Annahme übrig, M sei eine Menge zweiter Art, enthält sich selbst also nicht als Element. Auch das ist aber unmöglich, denn dann hätten wir entgegen unserer Erklärung von M eine Menge zweiter Art gefunden, die ihr nicht angehört. So führt auch die zweite Annahme zu einem Widerspruch.

8. *Die Geschichte von Tristram Shandy.* Dieser Tristram Shandy begann seine Lebensgeschichte zu schreiben, und er tat es so gründlich, daß er für die Geschichte der beiden ersten Tage seines Lebens zwei Jahre brauchte. Wir nehmen an, er fährt in dieser Weise fort. Es ist klar, auf diese Weise wird er niemals mit seiner Lebensgeschichte fertig, er stirbt über seiner allzu gründlichen Arbeit. Je älter er wird, desto weiter entfernt er sich von dem Stoff seiner Beschreibung.

Wenn er aber unendlich lange leben würde, dann hätte er seine ganze Lebensgeschichte schreiben können, trotzdem sich jener Abstand zwischen der Zeit, über die er schreibt, und der Zeit, zu der er schreibt, ständig bis ins Unendliche vergrößert. In der Tat, handelt es sich auch um Tage aus

---

[1] Das Russelsche Paradoxon ist vielfach behandelt worden. Ich nenne z. B., zugleich als eine allgemeinverständliche Darstellung der Mengenlehre: A. Fraenkel, Einleitung in die Mengenlehre. Berlin 1919.

noch so später Lebenszeit, immer kommt er in seiner Historie einmal auch an diese Zeit, da sein Alter ja beliebig viele Jahre erreicht.[1])

V. PLANIMETRIE

1. *Zwei Geraden schneiden sich nicht, selbst wenn sie nicht parallel sind.*[2]) Man schneidet die gegebenen Geraden a und b durch eine dritte Gerade c so, daß c mit a und b nach einer Seite gleiche spitze Winkel einschließt (Fig. 1).

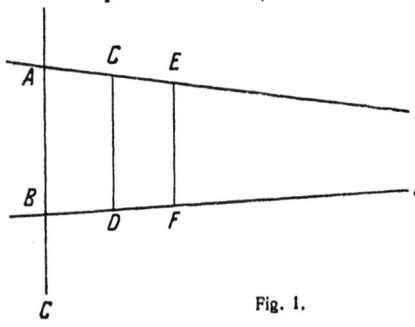

Fig. 1.

Daß dann auf der Seite der stumpfen Winkel kein Schnittpunkt von a und b liegt, ist ohne weiteres zu zeigen, wir beschäftigen uns lediglich mit dem Fall auf der Seite der spitzen Winkel. Seien A und B die Schnittpunkte von c mit a und b. Dann trägt man $\frac{AB}{2}$ auf a und b von A und B aus bis C und D ab. Es ist nicht möglich, daß C auf D fällt, da im Dreieck die Summe zweier Seiten größer als die dritte ist. Noch weniger können die Strecken AC und BD einen Schnittpunkt S gemein haben, denn in $\triangle SAB$ wäre erst recht die Summe zweier Seiten kleiner als die dritte. Verbindet man jetzt C und D, so entsteht ein gleichschenkliges Trapez $ABDC$. Die Gerade CD gestattet jetzt in gleicher Weise die Konstruktion einer Geraden EF. Die Konstruktion läßt sich beliebig oft wiederholen, immer schreite ich um einen Schritt vorwärts und kann doch, nach unserer Überlegung, nie auf einen Schnittpunkt von a und b kommen. Diese schneiden sich also nicht.

2. *Zwei Dreiecke, die in zwei Seiten und einem, entsprechenden Seiten gegenüberliegenden Winkel übereinstimmen, sind kongruent.*

---

[1]) In der Mengenlehre sagt man: Die Zahl seiner Lebenstage würde äquivalent werden der Zahl seiner Lebensjahre.
[2]) Nach Proclus.

Parallelenaxiom und 4. Kongruenzsatz

Die beiden Dreiecke seien ABC und $A'B'C'$, und zwar sei $BC = B'C'$, $AB = A'B'$ und $\alpha = \alpha'$. Man legt $\triangle A'B'C'$ so an ABC, daß B' auf B, C' auf C fällt. A wird mit A' verbunden. Dann ist $\triangle BAA'$ gleichschenklig, weil $BA = BA'$ ist, mithin ist $\measuredangle BAA' = \measuredangle BA'A$. Nun ist $\alpha = \alpha'$. Durch

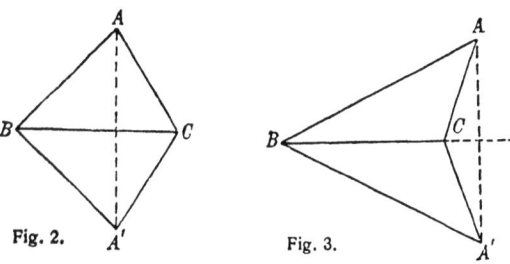

Fig. 2.   Fig. 3.

Addition oder Subtraktion erhält man je nach der Gestalt der Dreiecke (Fig. 2 und 3), daß $CAA' = CA'A$ ist. Mithin ist $\triangle CAA'$ gleichschenklig. Folglich $CA = CA'$; die beiden Dreiecke sind also nach dem dritten Kongruenzsatz kongruent. — Die einschränkende Bedingung im 4. Kongruenzsatz, daß der Winkel der größeren Seite gegenüberliegen muß, ist also nicht nötig, wie insbesondere Fig. 3 zeigt.[1])

3. *Jedes Dreieck ist gleichschenklig.* Es sei ABC irgendein Dreieck, dann konstruiere man die Winkelhalbierende des Winkels bei A und die Mittelsenkrechte der Seite BC, die Mitte von BC sei D (Fig. 4). Beide Geraden werden sich schneiden, es sei denn, daß sie parallel sind; dann wäre das Dreieck aber bereits gleichschenklig, und wir könnten uns den weiteren Beweis ersparen. Der Schnittpunkt der Geraden sei M. Wir betrachten zunächst den Fall, daß M innerhalb des Dreiecks liegt. Wir fällen von M auf AB und AC die Senkrechten MF und ME. Dann ist

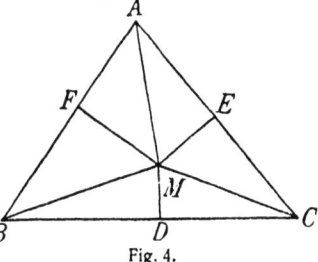

Fig. 4.

---

1) Veröffentlicht von R. M. Matthews in School Science and Mathematics (1916) 16, S. 248. — Wohl schon früher bekannt.

24   V. Planimetrie

(1) $$\triangle AFM \cong \triangle AEM,$$

(2) $$\triangle MDB \cong \triangle MDC.$$

Aus (1) folgt $MF = ME$, aus (2) $MB = MC$, folglich ist auch

(3) $$\triangle MBF \cong \triangle MCE.$$

Aus (1) und (3) folgt

(4) $\qquad AF = AE, \quad FB = EC.$ \hfill (5)

Addiert man die Gleichungen (4) und (5), so ergibt sich

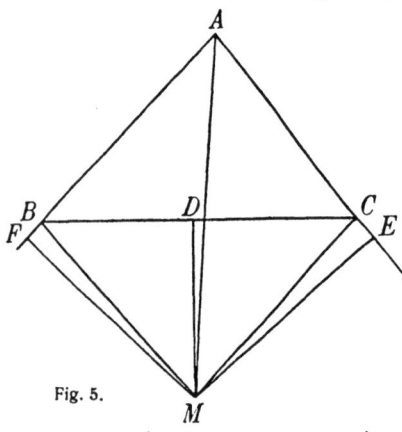

Fig. 5.

$$AB = AC.$$

Das ist unsere Behauptung.

Sollten sich die Winkelhalbierende und die Mittelsenkrechte nicht innerhalb des Dreiecks schneiden, sondern außerhalb, so lassen sich an der Hand der Figur 5 die gleichen Schlüsse durchführen wie eben, nur daß am Schluß von den beiden Gleichungen (4) und (5) die eine zu subtrahieren ist.

Eine naheliegende Folgerung aus diesem Satze ist, daß alle Dreiecke gleichseitig sind.

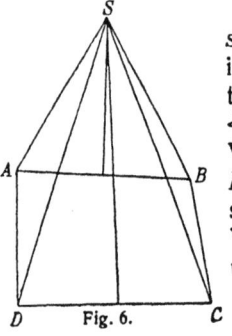

Fig. 6.

4. *Ein rechter Winkel ist gleich einem stumpfen.* Es sei das Viereck $ABCD$ in Figur 6 bei A rechtwinklig, die Seiten AD und BC seien gleich lang, $\measuredangle ABC$ schließlich sei ein stumpfer Winkel. Man errichtet auf AB und auf DC Mittelsenkrechten, die sich in S schneiden. S wird mit den Ecken des Vierecks verbunden. Nun ist $SA = SB$ und $SD = SC$, folglich ist

$$\triangle SAD \cong \triangle SBC.$$

Daraus folgt: $\measuredangle SAD = \measuredangle SBC$.

Zieht man von dieser Gleichung die folgende ab:

$$\measuredangle SAB = \measuredangle SBA,$$

so folgt, daß der ursprünglich stumpf vorausgesetzte Winkel ABC dem rechten Winkel BAD gleich ist.

5. *Wenn in einem Viereck zwei Gegenseiten gleich sind, so sind die beiden anderen Seiten parallel.* Es sei $ABCD$ ein Viereck, in dem die zwei einander gegenüberliegenden Seiten AB und DC gleiche Längen haben (Fig. 7). Im Mittelpunkt E von AD errichte ich die Senkrechte und ebenso im Mittelpunkt F von BC. Beide schneiden sich in dem Punkte S. Wenn sie nämlich

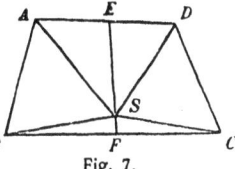

Fig. 7.

parallel wären, so wären auch AD und BC parallel, und ich könnte mir den Beweis meiner Behauptung ersparen. Ich will nun nachweisen, daß ESF eine Gerade ist; daraus folgt dann sofort, daß dem zu beweisenden Satze entsprechend AD und BC parallel sind. Ich verbinde S mit den Ecken des Vierecks. Dann sind die Dreiecke SAE und SDE, ebenso die Dreiecke SBF und SCF kongruent, mithin auch, da AB und DC gleich sind, die Dreiecke SAB und SDC. Aus diesen Kongruenzen folgen die folgenden Gleichungen von Winkeln:

(1) $\measuredangle ESA = \measuredangle ESD$
(2) $\measuredangle ASB = \measuredangle DSC$
(3) $\measuredangle BSF = \measuredangle CSF$.

Durch Addition der drei Gleichungen folgt, daß der Winkel ESF ein gestreckter sein muß. Damit ist die Behauptung bewiesen.

Freilich bedarf noch ein Punkt der Erörterung. Ich habe angenommen, daß der Schnittpunkt S der beiden Mittelsenkrechten innerhalb des Vierecks liegt. Er könnte aber auch außerhalb des Vierecks liegen. Die Fig. 8 deutet den ganz entsprechenden Beweisgang für diesen Fall an. Nur

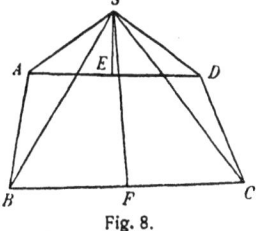

Fig. 8.

sind hier am Schluß die drei Winkelgleichungen nicht zu addieren, vielmehr zeigt man das Zusammenfallen von SE und SF etwa dadurch, daß man die Gleichungen (2) und (3) addiert und nun sowohl SE wie SF als Winkelhalbierende von ASD findet; beide müssen also zusammenfallen.

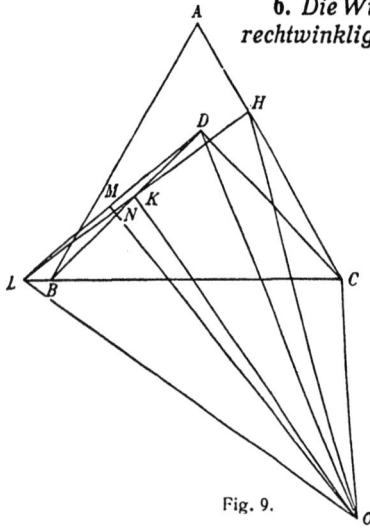

Fig. 9.

6. *Die Winkel an der Hypotenuse eines rechtwinklig-gleichschenkligen Dreiecks sind* 60^0. Über einer Geraden BC werden ein gleichseitiges Dreieck ABC und ein gleichschenklig-rechtwinkliges Dreieck DBC, beide nach ein und derselben Seite der Geraden, errichtet (Fig. 9). Die Strecke DC werde auf der Geraden AC von C bis H abgetragen. H werde mit dem Mittelpunkte K der Seite BD verbunden und über K hinaus verlängert bis zum Schnitt L mit der Verlängerung von BC. L werde verbunden mit D. Im Mittelpunkte M von LD werde die Senkrechte errichtet, die die Mittelsenkrechte von LH mit dem Fußpunkt N in O schneidet.[1]) Dieser Punkt O werde mit C, D, H und L verbunden. Nun sind zunächst OD und OL und ebenso OL und OH gleich. Also ist $OD = OH$. Mithin sind die Dreiecke OCH und OCD kongruent, denn es war ja auch $CD = CH$. Daraus folgt aber, daß der Winkel DCB an der Hypotenuse des gleichschenklig-rechtwinkligen Dreiecks und der Winkel im gleichseitigen Dreieck gleich sind.

7. *Ein Dreieck mit zwei rechten Winkeln* läßt sich in folgender Weise konstruieren (Fig. 10): die Kreise um A und B schneiden sich in C. Die Durchmesser CAD und CBE werden gezogen, D wird mit E verbunden. Die Verbindungsgerade schneidet den einen Kreis in F, den anderen in G.

---

1) In der Figur liegen N und K sehr nahe beieinander.

Eigenartige rechtwinklige Dreiecke

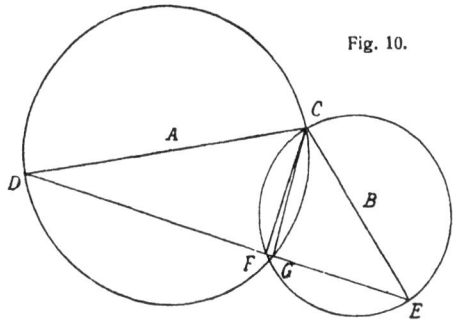

Fig. 10.

Dann sind nach dem Satz von Thales (Winkel im Halbkreis) $\measuredangle CFE$ und $\measuredangle CGD$ rechte, $\triangle CFG$ hat also zwei rechte Winkel.

8. *Geometrischer Beweis dafür, daß* $64 = 65$ *ist.* Man schneidet aus Millimeterpapier oder irgendwie anders kariertem Papier zwei Dreiecke mit den Katheten 3 und 8 aus und zwei Trapeze, die je zwei rechte Winkel haben und in denen die parallelen Seiten die Längen 3 und 5 haben, während der Abstand dieser Seiten 5 ist (Fig. 11). Setzt man nun die vier Figuren so zusammen, wie es Fig. 12 zeigt, so

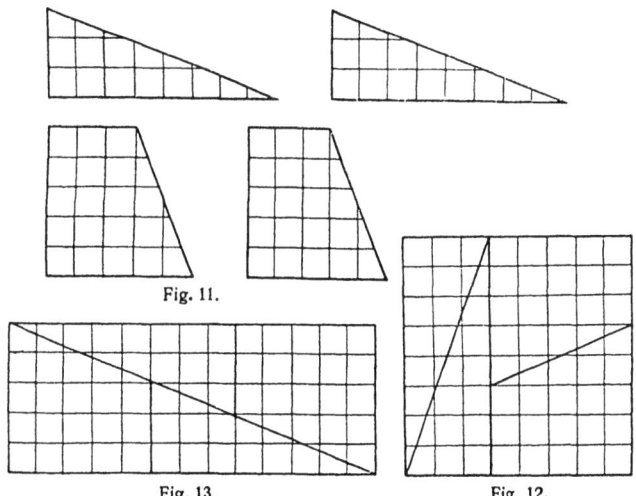

Fig. 11.

Fig. 13. Fig. 12.

28 V. Planimetrie

ist der Flächeninhalt 64, setzt man sie aber so zusammen, wie es Fig. 13 zeigt, offenbar 65. Man kann aus den vier Flächenstücken auch eine Figur erhalten, deren Inhalt 63 ist. Wer kann's?[1])

9. *Der Flächeninhalt eines gleichseitigen Dreiecks ist Null.*[2]) Das gleichseitige Dreieck ABC (Fig. 14) soll in ein Quadrat verwandelt werden. Man zieht die Höhe AD, zeichnet das $\triangle ABC$ inhaltsgleiche Rechteck $ADCE$. Man verlängert AD über D hinaus um CD bis F und beschreibt über AF als Durchmesser den Halbkreis, der die Verlängerung von CD, über C hinaus in G schneidet. Da $GD^2 = AD \cdot DF$ ist, ist das Quadrat $GDJH$ auch flächengleich dem Dreieck ABC, ebenso wie es Rechteck $ADCE$ war. Denkt man sich $\triangle CEA$ längs AC so weit verschoben, daß C auf K, E auf H, A auf L fällt, so erkennt man, daß das Quadrat $GHJD$ aus dem Stück $CLJD$ und den ihm kongruenten Stück $BMJD$ besteht, also gleich dem Trapez $CBML$ ist. Da das Quadrat gleichzeitig $\triangle ABC$ flächengleich ist, so bleibt für das gleichseitige Dreieck ALM der Flächeninhalt 0. Das war die Behauptung.

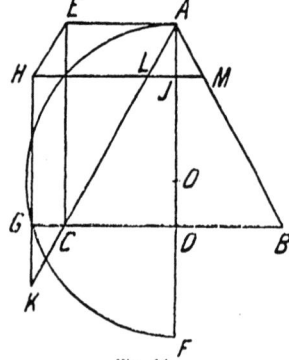

Fig. 14.

---

1) Eine mathematische Erörterung dieses Trugschlusses bringt M. Busch, Über einen geometrischen Trugschluß, Mathematisch-Naturwissenschaftliche Blätter **13** (1916), S. 89ff. Sind nicht wie hier $8 \cdot 8$ und $5 \cdot 13$, sondern allgemein $b \cdot c$ und $a \cdot d$ die Seiten der beiden in verschiedener Weise zu zerlegenden Rechtecke, dann gelten die Gleichungen $d = a + b$ und $b \cdot c = a \cdot d \pm 1$. Eine Lösung liefern z. B. aufeinanderfolgende Näherungsbrüche der Kettenbruchentwicklung des Goldenen Schnittes. Die Näherungsbrüche sind $\frac{1}{2}, \frac{2}{3}, \frac{3}{5}, \frac{5}{8}, \frac{8}{13}, \frac{13}{21}, \frac{21}{34}, \ldots$ $\frac{5}{8}$ und $\frac{8}{13}$ liefern unsern Fall $5 \cdot 13$ und $8 \cdot 8$; $\frac{8}{13}$ und $\frac{13}{21}$ liefern $8 \cdot 21 = 168$ und $13 \cdot 13 = 169$. Das ist aber nicht die einzige Lösung; so ist z. B. das Paar $11 \cdot 5 = 55$ und $9 \cdot 6 = 54$, das Anlaß zu einem Trugschluß unserer Art gibt, nicht aus den Näherungsbrüchen unseres Kettenbruches herauszufinden.

2) Nach einer Mitteilung von Herrn Müllendorff-Berlin-Schöneberg.

Flächenlehre und Ähnlichkeitslehre

10. *Zieht man durch ein Dreieck eine Parallele zu einer Seite, so ist das zwischen den beiden anderen Seiten liegende Stück gleich der ersten Seite.*[1]) In Fig. 15 ist nach dem Strahlensatz

$$BC : DE = AB : AD$$

oder $BC \cdot AD = DE \cdot AB$.

Multipliziert man die Gleichung mit $BC - DE$, dann folgt

$$BC^2 \cdot AD - BC \cdot AD \cdot DE$$
$$= BC \cdot DE \cdot AB - DE^2 \cdot AB$$

oder

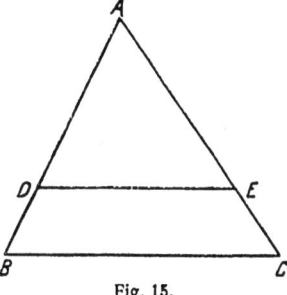

Fig. 15.

$$BC^2 \cdot AD - BC \cdot DE \cdot AB = BC \cdot AD \cdot DE - DE^2 \cdot AB$$
$$BC(BC \cdot AD - DE \cdot AB) = DE(BC \cdot AD - DE \cdot AB)$$

mithin $BC = DE$.

Folgerung: Es ist auch $AD = AB$, d. h. jede Strecke ist gleich einem ihrer Teile.

11. *Ein Teil einer Strecke ist gleich der ganzen Strecke.* In dem ungleichseitigen Dreieck ABC sei $\measuredangle \alpha$ der größte Winkel; $\measuredangle \beta$ ist also spitz (Fig. 16). Wir tragen den Winkel γ an AB in A an; der freie Schenkel schneide BC in D. Von A werde außerdem auf BC die Senkrechte AE gefällt. Jetzt ist

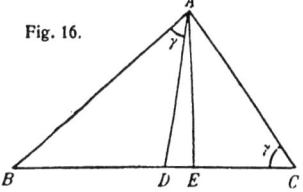

Fig. 16.

(1) $\triangle ABC \sim \triangle DBA$,

und da die Flächeninhalte ähnlicher Dreiecke sich verhalten wie Quadrate homologer Seiten, so ist

(2) $\triangle ABC : \triangle DBA = AC^2 : AD^2$.

Nun haben die beiden Dreiecke aber, wenn man die Seiten BD und BC als Grundlinien ansieht, gleiche Höhen, ihre

---

[1]) Als Verfasser dieses „vor etwa 10 Jahren in der Preußischen Lehrerzeitung veröffentlichten" Trugschlusses ist B. Wiese angegeben.

Flächeninhalte verhalten sich also auch wie die Grundlinien BC und BD. So erhält man die Proportion

(3) $$\frac{AC^2}{BC} = \frac{AD^2}{BD}.$$

Die den Seiten AC im $\triangle ABC$ und AD im $\triangle ABD$ gegenüberliegenden Winkel sind spitz. Ich wende nun den Satz an: Im Dreieck ist das Quadrat über einer Seite, die einem spitzen Winkel gegenüberliegt, gleich der Summe der Quadrate über den beiden anderen Seiten, vermindert um das doppelte Rechteck aus einer dieser Seiten und der Projektion der anderen auf sie. Es ist hiernach:

(4) $$\frac{AB^2 + BC^2 - 2BC \cdot BE}{BC} = \frac{AB^2 + BD^2 - 2BD \cdot BE}{BD}.$$

Wenn man die Summen in den Zählern gliederweise durch die Nenner durchdividiert, so hebt sich $2BE$ beiderseits weg, und es bleibt

(5) $$\frac{AB^2}{BC} + BC = \frac{AB^2}{BD} + BD.$$

Vertauschen hierin BC und BD ihre Stellung, so ergibt sich, wenn man nachträglich noch jede der beiden Seiten auf einen Nenner bringt:

$$\frac{AB^2 - BC \cdot BD}{BC} = \frac{AB^2 - BC \cdot BD}{BD}.$$

Da die Zähler beider Brüche gleich sind, folgt aus dieser Gleichung:
$$BC = BD.$$

Das war die Behauptung des Satzes.

12. *Jede Gerade durch den Scheitel eines Winkels halbiert ihn.*[1]) Das Dreieck ABC wird durch eine Gerade in B', A' und C' geschnitten (Fig. 17). Dann ist nach dem Lehrsatz von Menelaus

$$AB' \cdot BC' \cdot CA' = AC' \cdot BA' \cdot CB'$$

oder auch $$\frac{AB'}{CB'} \cdot \frac{CA'}{AC'} = \frac{A'B}{BC'}.$$

---

1) Nach einer mir 1917 aus dem Felde von Herrn A. Fischer zugegangenen Darstellung.

Wenn man jetzt die beliebige Gerade $B'C'$ so parallel zu sich verschiebt, daß sie durch B geht, so wird $A'B = BC' = 0$ und $CA' = CB$ und $AC' = AB$. Die Gleichung geht also über in

(1) $\quad \dfrac{AB'}{CB'} \cdot \dfrac{CB}{AB} = \dfrac{0}{0}$.

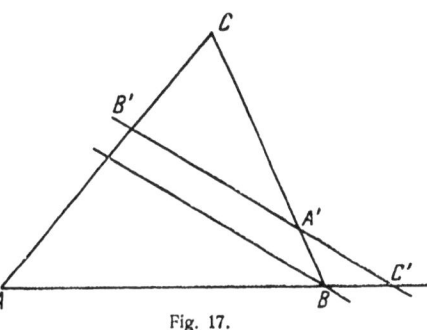

Fig. 17.

Den unbestimmten Wert $\dfrac{0}{0}$ müssen wir jetzt durch genauere Untersuchung eines speziellen Falles bestimmen. Die Gerade $B'C'$ sei so gelegt, daß $BA' = BC'$. Dann ist

$$\dfrac{AB'}{CB'} \cdot \dfrac{CA'}{AC'} = 1;$$

da wir jetzt wieder durch Parallelverschiebung die Gerade durch B legen können, ohne daß sich die rechte Seite ändert, haben wir jetzt den unbestimmten Wert $\dfrac{0}{0}$ zu 1 bestimmt. Wir kehren zu unserer Gleichung (1) zurück.

$$\dfrac{AB'}{CB'} \cdot \dfrac{CB}{AB} = 1$$

schreiben wir in die Proportion

$$AB : CB = AB' : CB'$$

um. Nach der Umkehrung des Satzes, daß die Winkelhalbierende die anliegende Seite im Verhältnis der anliegenden Seiten teilt, ist danach $B'B$ Winkelhalbierende des Winkels ABC. Damit ist die Behauptung bewiesen.

13. $\sqrt{a} + \sqrt{b} = \sqrt{2(a+b)}$.
Ein Dreieck (Fig. 18) hat die Höhenabschnitte p und q. Eine Parallele zur Höhe h, die ich h' nenne, teilt das Dreieck in zwei flächengleiche Teile. Der B anliegende Abschnitt, den h' auf BC erzeugt, sei x.

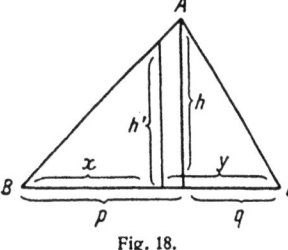

Fig. 18.

Dann ist $\quad 2xh' = (p+q)\cdot h.$

Nun ist $\quad h':h = x:p.$

Setze ich $\quad h' = \dfrac{hx}{p}$

oben ein, so erhalte ich
$$\frac{2x^2 h}{p} = (p+q)h,$$
h fällt also heraus, es wird
$$x = \sqrt{\frac{p(p+q)}{2}}.$$

Da der Punkt B mit C gleichberechtigt ist, erhalte ich, wenn y den C anliegenden Abschnitt von h' auf BC bezeichnet, durch die gleichen Überlegungen
$$y = \sqrt{\frac{q(p+q)}{2}}.$$

Nun ist $x+y = p+q$, man erhält also, wenn man noch durch $\sqrt{p+q}$ dividiert
$$\sqrt{p+q} = \sqrt{\frac{p}{2}} + \sqrt{\frac{q}{2}}.$$

Unsere Behauptung ergibt sich daraus, wenn man $p = 2a$, $q = 2b$ setzt.

14. *Die Summe der zwei zueinander parallelen Seiten eines Trapezes ist gleich Null.* Man verlängert die parallelen Seiten des Trapezes $ABCD$ in entgegengesetzten Richtungen, und zwar a über B hinaus um b bis E, b über D hinaus um a bis F. Man zieht die beiden Diagonalen des Trapezes, AC und BD, und die Verbindungsgerade der Endpunkte der abgetragenen Strecken, EF. Die drei Abschnitte, in die die Strecke BD durch die andern Strecken AC und EF geteilt wird, seien z, y und x. (Fig. 19.) Aus zwei Paaren von ähnlichen Dreiecken erhält man dann nach dem Strahlensatz

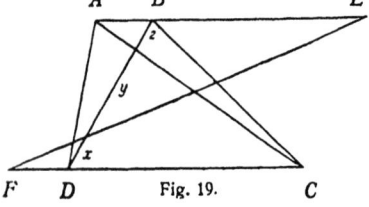

Fig. 19.

$$\frac{a}{b} = \frac{x}{y+z} = \frac{z}{x+y}.$$

Ähnlichkeitslehre 33

Wendet man auf den letzten Teil dieser Proportion den Satz von der korrespondierenden Addition und Subtraktion an, so ergibt sich:
$$\frac{a}{b} = \frac{x-z}{z-x} = -1.$$

Es ist also $a = -b$ oder $a + b = 0$.

15. *Ein jeder Punkt des Durchmessers eines Kreises liegt auf dem Kreisumfang.*[1]) Es sei (Fig. 20) C ein beliebiger Punkt des Durchmessers AB. Man konstruiere zu A, B, C den vierten harmonischen D und halbiere CD durch H. Dann ist, wenn noch M den Mittelpunkt des Kreises bezeichnet, nach einem bekannten Satze: $MC \cdot MD = MA^2$. Nun hat man aber:

$MC = MH - CH$,
$MD = MH + CH$, also ist

(1) $\quad MH^2 - CH^2 = MA^2$.

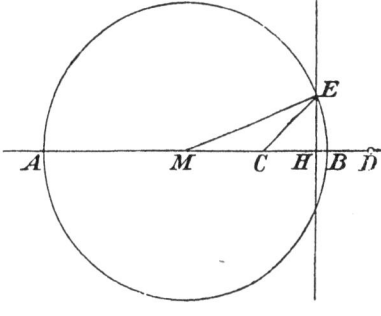

Fig. 20.

Andererseits ist, wenn das in H auf AB errichtete Lot den Kreisumfang in E schneidet,
$$ME^2 = MH^2 + HE^2$$
$$CE^2 = CH^2 + HE^2, \quad \text{also ist}$$

(2) $\quad MH^2 - CH^2 = ME^2 - CE^2 = MA^2 - CE^2$.

Aus (1) und (2) zusammen folgt, daß
(3) $\quad\quad\quad MA^2 = MA^2 - CE^2$

ist, also muß $CE = 0$ sein, d. h. der Punkt C liegt auf dem Umfang des Kreises, und da C ganz beliebig gewählt werden durfte, gilt dies für jeden Punkt des Durchmessers AB.

16. *Alle Kreise haben gleichen Umfang.* Die beiden gegebenen Kreise mögen konzentrisch aufeinandergelegt und

---

[1]) Der Trugschluß ist von P. Stäckel veröffentlicht worden im Archiv der Math. und Phys. III, 12 (1907) S. 370.

fest miteinander verbunden werden (Fig. 21). Der größere Kreis rolle längs der Geraden AD seine Peripherie ab. Dann beschreibt der mit C bezeichnete Punkt auf der Peripherie des kleineren Kreises den Weg CB. Die Strecken AD und CB sind gleich, sie sind ja Gegenseiten in einem Rechteck.

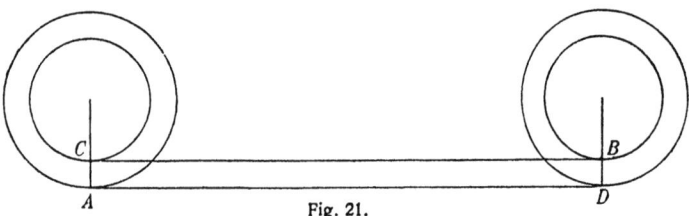

Fig. 21.

Da außerdem die beiden Kreise fest miteinander verbunden sind, so hat sich der kleine Kreis während der einmaligen Umdrehung des größeren auch nur einmal gedreht, CB ist also die Abwicklung der Peripherie des kleineren Kreises. Es ergibt sich also, daß die Umfänge beider Kreise gleich lang sind.

VI. TRIGONOMETRIE, STEREOMETRIE UND ANALYTISCHE GEOMETRIE

1. *Jedes Dreieck ist gleichseitig.* Man verlängert die Seiten b und c des Dreiecks ABC (Fig. 22) über A hinaus, und zwar c um b bis D und b um c bis E. Aus dem Sinussatz, angewandt auf die Dreiecke BCE und BCD, folgt dann:

$$\sin\left(\beta + \tfrac{1}{2}\alpha\right) = \frac{b+c}{a}\sin\tfrac{1}{2}\alpha.$$

$$\sin\left(\gamma + \tfrac{1}{2}\alpha\right) = \frac{b+c}{a}\sin\tfrac{1}{2}\alpha.$$

Hieraus ergibt sich:

$$\sin\left(\beta + \tfrac{1}{2}\alpha\right) = \sin\left(\gamma + \tfrac{1}{2}\alpha\right),$$

also: $\beta = \gamma.$

In ähnlicher Weise erhält man $\gamma = \alpha$, und wenn alle drei Winkel des Dreiecks gleich sind, ist das Dreieck gleichseitig.

2. *Die Summe der Winkel eines Kugeldreiecks ist 180⁰.*
Ein bekannter Beweis des Satzes von der Winkelsumme
im ebenen Dreieck ist der folgende (Fig. 23): Man zeichnet
das Dreieck ABC etwa auf den Boden, geht dann von A
aus zunächst nach B, wendet sich
dann nach C, wobei man sich um
den Außenwinkel β' gedreht hat, geht
jetzt nach C, dreht sich um den Winkel γ' in die Richtung A. Wenn man
sich dann schließlich in A noch wieder
in die Richtung nach B um den Außenwinkel α' dreht, so hat man dieselbe
Richtung, die man beim Antritt des

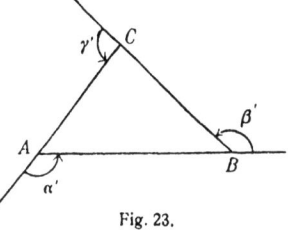

Fig. 23.

Rundmarsches gehabt hatte, wiedererlangt, nur hat man sich
in der Zwischenzeit einmal um sich selbst, also um einen
Winkel von 360⁰ gedreht. Die Summe der Außenwinkel ist
also 3⁰. Da ein Innenwinkel und sein zugehöriger Außenwinkel zusammen 180⁰ betragen, so ist die Summe aller
Innen- und Außenwinkel 540⁰; für die Innenwinkel allein
bleiben also nur 180⁰ übrig.

Es ist bei dieser Schlußfolge nirgends davon Gebrauch
gemacht, daß man sich auf der Ebene bewegt. Sie läßt sich
in genau der gleichen Weise auch auf einer irgendwie gebogenen Fläche anstellen. Wenn man z. B. als Punkte A, B, C
nicht drei nahe beieinander liegende Punkte auf dem Fußboden des Zimmers, sondern drei weit voneinander entfernte Orte etwa des Deutschen Reiches oder irgendwo auf
der Erde gewählt hätte, so bliebe in der Schlußform alles
beim alten. Daraus erhellt die Richtigkeit der Behauptung
auch für Dreiecke auf Kugelflächen, ja sie ist nicht nur für
diese, sondern auch für irgendwie anders gekrümmte Flächen nachgewiesen.

3. *Die Summe der Winkel eine Kugeldreiecks ist 180⁰.*
Es sei ABC ein Kugeldreieck. Angenommen, die Winkelsumme sei, gemessen in Rechten, x. Dann nehme ich im
Innern des Dreiecks einen Punkt P an und lege durch P
und A, durch P und B, durch P und C größte Kugelkreise.
Dann ist die Winkelsumme von allen diesen Dreiecken je
xR, insgesamt also $3xR$. Vergleiche ich die Gesamtheit
der neun Winkel dieser Dreiecke mit denen des Ausgangs-

dreiecks, so ist lediglich die Summe der Winkel um P herum hinzugekommen, d. h. $4R$. Es ist also

$$3x - 4 = x,$$
$$2x = 4,$$
$$x = 2,$$

d. h. die Winkelsumme ist zwei Rechte.

4. *Der Umfang eines Kreises ist ebenso groß wie sein Mittelpunkt.*[1]) Ich erinnere an die zur Ableitung der Formel für den Kugelinhalt übliche Fig. 24. Das Quadrat $ABCD$ rotiert um AB; dabei beschreibt der Kreisquadrant AC eine Halbkugel, die Diagonale BD den Mantel eines geraden Kreiskegels mit der Spitze B, die Quadratseite DC einen Zylindermantel. Aus der Schnittgeraden MR wird ein ebener Schnitt durch alle diese Körper. Es wird nun, um nachher den Cavalierischen Grundsatz anzuwenden, bewiesen, daß die Kreis-

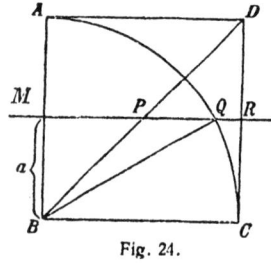

Fig. 24.

fläche mit dem Radius MQ flächengleich ist dem Kreisring, dessen Breite durch PR gegeben ist, mit anderen Worten, daß
$$\pi MQ^2 = \pi MR^2 - \pi \cdot MP^2$$
ist. Diese Beziehung gilt für jede Lage der schneidenden zur gemeinsamen Grundfläche der Körper parallelen Ebene. Nimmt die Ebene die durch AD gekennzeichnete Lage an, so wird die Kreisfläche zum Punkt A, die Ringfläche zum Kreis mit dem Radius AD. Beide haben hiernach gleiche Größe.

5. *Das Ganze ist gleich einem Teil.*[2]) Der Inhalt eines Dreiecks, dessen Ecken die Koordinaten (x_1, y_1), (x_2, y_2) und (x_3, y_3) haben, ist

$$f = \frac{1}{2}\,[x_1(y_2 - y_3) + x_2(y_3 - y_1) + x_3(y_1 - y_2)].$$

---

[1]) In Bolzano, Paradoxien des Unendlichen, 1851, wird gesagt, daß schon Galilei in den Discorsi e dimostrazioni matematiche diesen Satz bringt.

[2]) Von Herrn Busekist-Berlin-Pankow mitgeteilt.

Stereometrie; analytische Geometrie

Es soll das Viereck berechnet werden, das von den Punkten (1, 4), (3, 5), (5, 3) und dem Koordinatenanfangspunkt gebildet wird. Wir ziehen die Diagonale, die durch den Nullpunkt geht, und berechnen die beiden Teildreiecke nach unserer Formel (Fig. 25). Es wird

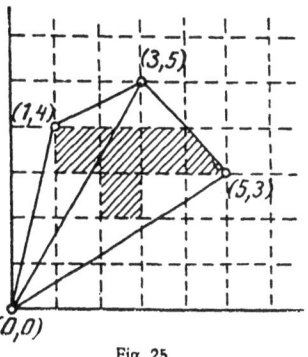

Fig. 25.

$$f = \frac{1}{2}[0(4-5) + 1(5-0)$$
$$+ 3(0-4) + 0(3-5)$$
$$+ 5(5-0) + 3(0-3)]$$
$$= \frac{1}{2}(5 - 12 + 25 - 9) = \frac{9}{2} = 4\tfrac{1}{2}.$$

Der Inhalt der Vierecksfläche ist also ebenso groß wie die eingezeichneten $4\tfrac{1}{2}$ schraffierten Einheitsquadrate.

6. *Ein Kreis wird von einem Durchmesser nur in einem Punkte geschnitten.* Die Gleichung eines Kreises mit dem Radius 1 und dem Koordinatenanfangspunkt als Mitte ist

$$x = \cos \varphi, \quad y = \sin \varphi$$

oder, wenn man $\operatorname{tg} \frac{\varphi}{2} = t$ einführt,

$$x = \frac{1-t^2}{1+t^2}, \qquad y = \frac{2t}{1+t^2}.$$

Die Schnittpunkte des Kreises mit der x-Achse erhält man, wenn man $y = 0$ setzt, also für $t = 0$. Das liefert den Wert $x = 1$. Mithin schneidet die x-Achse den Kreis nur in **einem** Punkte. Ist ein beliebiger Durchmesser gegeben, so kann ich ihn immer zur x-Achse machen.

VII. ANALYSIS DES UNENDLICHEN

a) Allgemeines vom Grenzbegriff. 1. *Die Diagonale eines Quadrates ist gleich der Summe zweier Seiten.* Wir wollen den Weg von A bis C in dem umstehenden Quadrat Fig. 26), dessen Seite der Einfachheit halber gleich 1 sei,

38   VII. Analysis des Unendlichen

in der Weise zurücklegen, daß wir erst nach B, dann nach C gehen; der zurückgelegte Weg ist dann gleich 2. Die Weglänge bleibt unverändert, wenn wir statt dieses Weges den Stufenweg $AB_1B_2B_3C$ wählen. Auch wenn wir jetzt die Zahl der Stufen verdoppeln, ihre Höhe also auf die Hälfte herabsetzen, bleibt die gesamte Weglänge 2. Das können wir fortsetzen; die Figur deutet es für die doppelte Stufenzahl noch an. Lassen wir die Stufenzahl durch immer weiteres Verdoppeln ins Unendliche wachsen, so bleibt die gesamte Weglänge doch immer gleich 2, der Weg selbst aber nähert sich immer mehr der Diagonale AC und stimmt in der Grenze mit ihr überein. Ihre Länge ist demnach gleich 2.

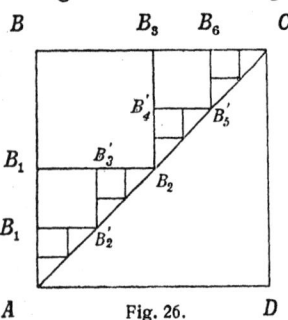

Fig. 26.

Die Beweisführung ist nicht an die Wahl des Quadrates gebunden; man kann z. B. ebensogut von einem Parallelogramm ausgehen und dann beweisen, daß die Diagonale im Parallelogramm gleich der Summe zweier anliegenden Seiten ist oder eine Seite eines Dreiecks gleich der Summe der beiden andern.

2. $\pi = 2$. Man zeichne einen Kreis und einen seiner Durchmesser. Ist d die Länge des Durchmessers, so ist der Umfang des Kreises πd. Jetzt zeichne man in den Kreis zwei neue Kreise, deren Mittelpunkte auf dem Durchmesser liegen und die den halben Durchmesser haben wie der erste Kreis. Sie mögen so liegen, wie es die Fig. 27 anzeigt. Die Umfänge dieser beiden Kreise betragen dann zusammengenommen gleichfalls πd.

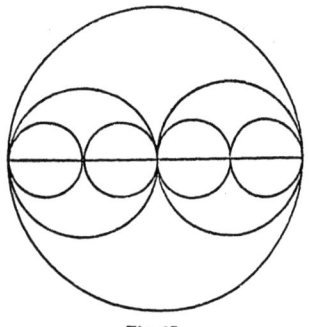

Fig. 27.

Schreibt man jedem der Kreise in gleicher Weise wieder je zwei Kreise ein, so ist der gesamte Umfang aller vier Kreise immer noch πd. Das bleibt auch so, wenn man damit nach Belieben fortfährt. Was gibt das nun in der Grenze für unendlich viele Kreise? Die entstehende Figur wird sich nicht merklich unterscheiden von dem Durchmesser selbst, der aber freilich gleichsam doppelt zu denken ist: einmal als Grenze, der die rechten Seiten der Kreise zustreben, und andererseits als Grenze der linken Seiten. So finden wir $\pi d = 2d$; also ist $\pi = 2$.

3. $\pi = 2\frac{2}{3}$. Der Inhalt der von der kleinen Achse begrenzten Halbellipse ist $\frac{1}{2}\pi ab$, wo a und b die halben Hauptachsen sind. Der Inhalt eines Flächenstückes, das von einem Parabelbogen und von einer im Abstande a parallel zur Scheiteltangente gezogenen Sehne von der Länge $2b$ begrenzt wird, ist $\frac{2}{3} a \cdot 2b$. Läßt man nun in der Ellipse a größer und größer werden, so geht die Ellipse in eine Parabel über. Man erhält also in der Grenze die Gleichung

$$\frac{1}{2}\pi ab = \frac{2}{3} a \cdot 2b.$$

Folglich ist $\pi = \frac{8}{3} = 2\frac{2}{3}$.

4. *$e = 1$ und $e = \infty$.* Die Basis $e = 2{,}71828\ldots$ der natürlichen Logarithmen wird zumeist durch den Grenzwert definiert, dem der Ausdruck $\left(1 + \frac{1}{n}\right)^n$ zustrebt, wenn n unendlich wird. Geht man in dem Klammerausdruck zur Grenze über, so wird der Bruch $\frac{1}{n}$ gleich Null, die Klammer nimmt also den Wert 1 an, und das unendliche Produkt aus lauter Faktoren 1 wird selbst gleich 1. So ergibt sich für e der Wert 1.

Man kann aber noch anders vorgehen. Macht man den Ausdruck in der Klammer gleichnamig, so erhält man einen positiven Bruch $\frac{n+1}{n}$. Wie groß auch n sei, der Bruch ist stets ein unechter, denn der Zähler ist ja immer um 1 größer als der Nenner. Nun ist, wie man sich leicht überzeugen kann, das unendliche Produkt aus lauter gleichen Faktoren gleich 0, wenn der Faktor ein echter Bruch ist, gleich 1, wenn der Faktor 1 ist (wie schon oben benützt), gleich ∞, wenn der Faktor >1 ist. Hier trifft das letzte zu, wir erhalten also als Grenzwert und damit als Wert für e den Wert ∞.

5. Es ist $2 = 3$.[1]) Da $x^2 - 1 = (x + 1)(x - 1)$ ist, hat man
$$\frac{x^2-1}{x-1} = x + 1$$
und da $x^3 - 1 = (x - 1)(x^2 + x + 1)$ ist, hat man
$$\frac{x^3-1}{x-1} = x^2 + x + 1.$$
Für $x = 1$ nehmen die linken Seiten in beiden Gleichungen den gleichen Wert $\frac{0}{0}$ an, es sind also auch die rechten Seiten gleich, d. h. aber, es ist $2 = 3$.

b) Von den unendlichen Reihen. 6. *Achilles und die Schildkröte.* Achilles und eine Schildkröte liefen um die Wette. Die Schildkröte hatte einen Vorsprung von, sagen wir, 100 m. Unsere Überlegung wird zeigen, daß Achilles nicht imstande ist, die Schildkröte einzuholen, wenn er auch, nehmen wir einmal an, 10 mal so schnell laufen kann wie seine Gegnerin. Hat nämlich Achilles die 100 m zurückgelegt, so hat die Schildkröte noch einen Vorsprung von 10 m. Hat er auch diese durchmessen, so ist ihm die Schildkröte noch 1 m voraus. Wenn Achilles diesen einen Meter nachgeholt hat, ist ihm seine Konkurrentin immer noch 10 cm voraus. Nach Zurücklegung dieses Abstandes ist die Schildkröte immer noch im Vorsprung. Fährt man in dieser Überlegung fort, so ergibt sich, daß der Abstand zwar immer geringer wird, aber nie ganz verschwindet; Achilles wird also die Schildkröte tatsächlich nie einholen.

7. *Jede Zahl a ist $= 0$.*[2]) Es ist einerseits
$$a - a + a - a + - \cdots = (a - a) + (a - a) + (a - a) + \cdots$$
$$= 0,$$
andererseits aber auch·

---

1) Nach B. Branford, Betrachtungen über mathematische Erziehung, deutsch von R. Schimmack und H. Weinreich, Leipzig. B. G. Teubner, 1913.
2) Nach Bolzano, Paradoxien des Unendlichen, 1851.

Summen unendlicher Reihen

$$a - a + a - a + - \cdots = a - (a-a) - (a-a) - \cdots$$
$$= a.$$

Sind zwei Größen einer dritten gleich, so sind sie untereinander gleich, folglich $\quad a = 0.$

Übrigens liefert eine andere Überlegung[1]) noch einen weiteren Wert. Es ist

$$a - a + a - a + - \cdots = a - (a - a + a - a + - \cdots)$$

Bezeichne ich den Wert der Reihe für den Augenblick mit x, so erhalte ich also für x die Gleichung

$$x = a - x,$$

woraus folgt: $\qquad x = \dfrac{a}{2}.$

8. *Die Summe*

$$x = 1 - 2 + 4 - 8 + 16 - 32 + - \cdots$$

ist zu bestimmen.[2]) Es ist

$$x = 1 - 2(1 - 2 + 4 - 8 + 16 - + \cdots)$$
$$= 1 - 2x.$$

Aus $\qquad x = 1 - 2x$

folgt $\qquad x = \dfrac{1}{3}.$

Wir können auch so zu dem Ergebnis kommen:

$$x = 1 - 2 + 4(1 - 2 + 4 - + \cdots)$$
$$= -1 + 4x,$$

woraus $\qquad x = \dfrac{1}{3}$

folgt. Auch aus

$$x = 1 - 2 + 4 - 8(1 - 2 + 4 - + \cdots)$$
$$= 3 - 8x$$

folgt das gleiche Ergebnis.

---

[1] Vgl. auch Gergonnes, Annales de Mathématique 20 (1830) Nr. 12.
[2] Nach Bolzano, Paradoxien des Unendlichen, 1851.

9. *Die Summe der unendlichen Reihe* $1-1+1-1+1-1+-\cdots$ *ist* $\frac{1}{2}$, *aber auch* $\frac{1}{3}$ *oder* $\frac{1}{4}$. Die Summe einer unendlichen geometrischen Reihe mit dem Anfangsglied a und dem Quotienten q ist

$$s = \frac{a}{1-q}.$$

Die vorgelegte Reihe ist eine geometrische mit dem Anfangsglied 1 und dem Quotienten -1. Setzt man diese Werte in die Summenformel ein, so erhält man als gesuchten Wert

$$s = \frac{1}{1-(-1)} = \frac{1}{2}.$$

Wer die Reihenlehre kennt, wird leicht die folgenden Reihen ableiten:

$$\frac{1}{1+x+x^2} = 1-x+x^3-x^4+x^6-x^7+-\cdots$$

$$\frac{1}{1+x+x^2+x^3} = 1-x+x^4-x^5+x^8-x^9+-\cdots,$$

von deren Richtigkeit man sich auch durch einfache Division überzeugen kann. Setzt man darin $x=1$, so erhält man für die Summe unserer Reihe $1-1+1-+\cdots$ auch die Werte $\frac{1}{3}$ und $\frac{1}{4}$. Was ist nun richtig?

10. *Alle echten Brüche sind einander gleich.* Es sei $n<m$. Man findet dann durch einfaches Dividieren

$$\frac{1-x^n}{1-x^m} = 1-x^n+x^m-x^{n+m}+x^{2m}-+\cdots$$

Setze ich hierin $x=1$, so erhalte ich links die unbestimmte Form $\frac{0}{0}$, die ich aber in bekannter Weise auswerten kann, indem ich Zähler und Nenner differenziere. Man erhält also

$$\frac{n}{m} = 1-1+1-1+-\cdots;$$

die rechte Seite ist von der Wahl von n und m vollkommen unabhängig. Also haben alle echten Brüche $\frac{n}{m}$ den gleichen Wert.

Summen unendlicher Reihen

11. *Nachweis, daß* $1 = \frac{1}{2}$ *ist.*[1)] Es ist

$$\frac{1}{1\cdot 3} + \frac{1}{3\cdot 5} + \frac{1}{5\cdot 7} + \cdots = \left(\frac{1}{1} - \frac{2}{3}\right) + \left(\frac{2}{3} - \frac{3}{5}\right) + \left(\frac{3}{5} - \frac{4}{7}\right) + \cdots$$
$$= 1, \qquad \text{und andererseits}$$
$$\frac{1}{1\cdot 3} + \frac{1}{3\cdot 5} + \frac{1}{5\cdot 7} + \cdots = \frac{1}{2}\left(\frac{1}{1} - \frac{1}{3}\right) + \frac{1}{2}\left(\frac{1}{3} - \frac{1}{5}\right) + \frac{1}{2}\left(\frac{1}{5} - \frac{1}{7}\right) + \cdots$$
$$= \frac{1}{2}.$$

12. *Der natürliche Logarithmus der Zahl 2 ist Null.*
Die Reihenentwickelung liefert für log nat 2 den Wert

$$\log \text{nat } 2 = 1 - \frac{1}{2} + \frac{1}{3} - \frac{1}{4} + \frac{1}{5} - + \cdots.$$

Diese Reihe ist konvergent. Wenn man die positiven und negativen Glieder zusammenfaßt, so erhält man:

$$\log \text{nat } 2 = \left(1 + \frac{1}{3} + \frac{1}{5} + \cdots\right) - \left(\frac{1}{2} + \frac{1}{4} + \frac{1}{6} + \cdots\right).$$

Wenn man hierin den Wert der zweiten Klammer zur ersten addiert und entsprechend von der zweiten subtrahiert, so ergibt sich:

$$\log \text{nat } 2 = \left[\left(1 + \frac{1}{3} + \frac{1}{5} + \cdots\right) + \left(\frac{1}{2} + \frac{1}{4} + \frac{1}{6} + \cdots\right)\right]$$
$$- 2\left(\frac{1}{2} + \frac{1}{4} + \frac{1}{6} + \cdots\right).$$

Zieht man die beiden runden Klammern zu einer zusammen und multipliziert die letzte Klammer mit 2 durch, so folgt:

$$\log \text{nat } 2 = \left(1 + \frac{1}{2} + \frac{1}{3} + \frac{1}{4} + \frac{1}{5} + \cdots\right)$$
$$- \left(1 + \frac{1}{2} + \frac{1}{3} + \frac{1}{4} + \frac{1}{5} + \cdots\right)$$
$$\log \text{nat } 2 = 0.$$

13. *Der Wert des natürlichen Logarithmus von 2 ändert sich nicht, wenn man ihn mit 2 multipliziert.* Wenn man die Reihe

---

[1)] Der Trugschluß wurde mir von Herrn R. Rothe-Berlin mitgeteilt.

(1) $$\log \text{nat}\, 2 = 1 - \frac{1}{2} + \frac{1}{3} - \frac{1}{4} + \frac{1}{5} - + \cdots$$

mit 2 multipliziert, so erhält man:

$$2 \log \text{nat}\, 2 = 2 - 1 + \frac{2}{3} - \frac{1}{2} + \frac{2}{5} - \frac{1}{3} + \frac{2}{7} - + \cdots.$$

Wenn man jetzt die Glieder mit gemeinsamem Nenner zusammennimmt und nach steigendem Nenner ordnet, so erhält man:

(2) $$2 \log \text{nat}\, 2 = 1 - \frac{1}{2} + \frac{1}{3} - \frac{1}{4} + \frac{1}{5} - + \cdots$$

Das ist aber dasselbe, was oben bei (1) stand. Es ist also

$$\log \text{nat}\, 2 = 2 \log \text{nat}\, 2,$$

ein Ergebnis, das man freilich aus Nr. 12 auch unmittelbar erhalten könnte.

14. *Jede unendliche Reihe kann jeden beliebig vorschreibbaren Wert c annehmen.* Es sei die Reihe

$$a_1 + a_2 + a_3 + \cdots$$

vorgelegt. Man setzt in die Reihe ein:

$$a_1 = c + (a_1 - c),$$
$$a_2 = -(a_1 - c) + (a_1 + a_2 - c),$$
$$a_3 = -(a_1 + a_2 - c) + (a_1 + a_2 + a_3 - c),$$
$$\cdot \quad \cdot \quad \cdot \quad \cdot \quad \cdot \quad \cdot \quad \cdot \quad \cdot \quad \cdot \quad \cdot$$

Dann wird

$$a_1 + a_2 + a_3 + \cdots = c + (a_1 - c) - (a_1 - c)$$
$$+ (a + a_2 - c) - (a_1 + a_2 - c) + - \cdots$$
$$= c.$$

15. *Der Sinus eines jeden Winkels ist gleich* 0. Der Sinus ist eine ungerade Funktion, also kann die Potenzreihe für $\sin x$ nur ungerade Potenzen von x enthalten. Nun ist

$$\sin x = \sqrt{1 - \cos^2 x},$$

also nach dem binomischen Satz

$$\sin x = 1 - \frac{1}{2} \cos^2 x - \frac{1}{8} \cos^4 x - \frac{1}{16} \cos^6 x - \cdots.$$

Wir denken uns auf der rechten Seite die Reihe für cos x eingesetzt, die nur gerade Potenzen enthalten kann, da der Cosinus eine gerade Funktion ist. Da auf der rechten Seite jetzt nur gerade Potenzen von x auftreten, müssen alle Koeffizienten der linken Seite verschwinden, d. h. es ist $\sin x = 0$.

16. $\dfrac{\pi}{4} = 0.$[1]) Nach einer bei der elementaren Entwickelung unendlicher Reihen oft benutzten Formel ist

$$\operatorname{arc\,tang} x = \frac{1}{2i} \log \operatorname{nat} \frac{i-x}{i+x}.$$

Daraus folgt

$$\frac{\pi}{4} = \operatorname{arc\,tang} 1 = \frac{1}{2i} \log \operatorname{nat} \frac{i-1}{i+1} = \frac{1}{4i} \log \operatorname{nat} \left(\frac{i-1}{i+1}\right)^2$$
$$= \frac{1}{4i} \log \operatorname{nat} (-1).$$

Nun ist $\log \operatorname{nat}(-1) = \dfrac{1}{2} \log \operatorname{nat}(-1)^2 = \dfrac{1}{2} \log \operatorname{nat} 1 = 0$, folglich

$$\frac{\pi}{4} = 0.$$

c) Aus der Differentialrechnung. 17. *Eine einfache Methode zur Lösung quadratischer Gleichungen.* Die vorgelegte Gleichung $x^2 + 2ax + b = 0$ differenziert man und erhält $2x + 2a = 0$; folglich ist $x = -a$.

18. *Beweis dafür, daß zwei beliebige Größen a und b immer einander gleich sind.*[2]) Wir setzen $a - b = x$ und erhalten einmal durch Quadrieren, zum anderen durch Multiplikation mit x die Ausdrücke

$$x^2 = ax - bx \quad \text{und} \quad x^2 = a^2 - 2ab + b^2,$$

woraus $\qquad ax - bx = a^2 - 2ab + b^2$

und $\qquad ax + ab - a^2 = bx + b^2 - ab$

oder $\qquad a(x + b - a) = b(x + b - a).$

Wir dividieren beiderseits durch $x + b - a$ und erhalten

$$a = b.$$

---
[1]) Vgl. L. Bieberbach, Lehrbuch der Funktionentheorie, Bd. I; Leipzig, B. G. Teubner, 1921.
[2]) Diese Abänderung eines bekannten Trugschlusses (vgl. 1. Abschnitt Nr. 6) wurde mir von Herrn G. Daue-Mayen eingesandt.

Allerdings werden in
$$\frac{a(x+b-a)}{x+b-a} = \frac{b(x+b-a)}{x+b-a}$$
beide Seiten der Gleichung von der Form $\frac{0}{0}$; wenn man aber in bekannter Weise den wahren Wert durch Differentiation des Zählers und Nenners bestimmt, erhält man in der Tat das obige Ergebnis.

19. *Jeder Punkt im Innern eines Kreises ist Mittelpunkt des Kreises.* Wir lösen die Aufgabe: Der kleinste und der größte Abstand eines im Innern eines Kreises gelegenen Punktes von der Kreislinie ist zu finden. Der Punkt im Innern des Kreises sei P, M sei der Mittelpunkt des Kreises, $MP = e$. Wir legen die x-Achse durch MP, die y-Achse durch M. Q sei ein beliebiger Punkt des Kreises um M. Dann sind die Extremwerte der Größe $PQ = u$ zu untersuchen. Q habe die Koordinaten x und y, dann ist

(1) $$x^2 + y^2 = r^2.$$

Für u erhält man die Gleichung:

(2) $$u^2 = (x-e)^2 + y^2$$

oder wegen (1): $\qquad u^2 = (x-e)^2 + r^2 - x^2.$

Mithin ist $\qquad u = \sqrt{e^2 + r^2 - 2xe}.$

Um die Extremwerte zu erhalten, haben wir den Differentialquotienten von u nach x gleich 0 zu setzen:
$$\frac{du}{dx} = -\frac{e}{\sqrt{e^2 + r^2 - 2xe}} = -\frac{e}{u}.$$
Mithin ist $\qquad e = 0.$

20. *Welcher von allen inhaltsgleichen Kugelabschnitten hat die kleinste Oberfläche?*[1]) — Es ist klar, daß die Aufgabe eine und nur eine Lösung besitzt. Um das zu veranschaulichen, braucht man der Aufgabe nur folgende Fassung zu geben: Aus Zinkblech von vorgeschriebener Dicke eine Literdose für Konserven anzufertigen, die die Form eines Kugelabschnitts haben soll und zu deren Herstellung möglichst wenig Blech verwandt werden soll.

---
1) Verfasser dieses Trugschlusses ist Herr Dörrie-Wiesbaden.

Um die Aufgabe zu lösen, bezeichnen wir den Kugelhalbmesser mit x, die Abschnittshöhe mit y und den Grundkreisradius des Abschnitts mit z. x und y sind dann durch die Beziehung

$$\frac{\pi}{3} y^2 (3x - y) = I \tag{1}$$

verknüpft, in der I den konstanten Inhalt des Abschnitts bedeutet.

Man hat nun x und y durch geschickte Wahl so zu bestimmen, daß der Ausdruck für die Abschnittsoberfläche

$$O = \pi z^2 + 2\pi xy$$

möglichst klein wird. Da

$$z^2 = 2xy - y^2$$

ist, läßt sich die Veränderliche z entfernen, und man erhält

$$O = \pi(4xy - y^2). \tag{2}$$

Wir bezeichnen die Ableitungen der Funktionen y und O nach x mit y' und O'.

Die Lösung unserer Aufgabe wird nun erhalten, wenn man die Ableitung O' gleich Null setzt:

$$O' = 0 \text{ oder } 4y + 4xy' - 2yy' = 0$$

oder $\qquad 2y + 2xy' - yy' = 0. \tag{3}$

Um aus dieser Gleichung y' wegzuschaffen, differentiieren wir (1) nach x und erhalten

$$3y^2 + 6xyy' - 3y^2 y' = 0$$

oder $\qquad y + 2xy' - yy' = 0. \tag{4}$

(Die hier vollzogene Division durch $3y$ ist erlaubt, da die gesuchte Abschnittshöhe y sicher von Null verschieden ist.)

Setzt man nun die linken Seiten von (3) und (4) einander gleich, so entsteht die Gleichung

$$2y = y \text{ oder, da } y \neq 0 \text{ ist, } 2 = 1.$$

21. Aufgabe: Die Grundlinie eines gleichschenkligen Dreiecks beträgt 12 cm, seine Höhe 3 cm. Auf der Höhe oder ihrer Verlängerung soll ein Punkt so bestimmt werden, daß die Summe der Entfernungen von den drei Ecken möglichst gering wird.[1]

Lösung: Der gesuchte Punkt liege x cm oberhalb der Grundlinie. Dann lautet die zu untersuchende Funktion

$$y = (3-x) + 2\sqrt{x^2+36}.$$

Es wird $\quad\dfrac{dy}{dx} = -1 + \dfrac{2x}{\sqrt{x^2+36}}$

und $\quad\dfrac{2x}{\sqrt{x^2+36}} - 1 = 0$

hat die Lösung $\quad x = \pm 2\sqrt{3}.$

Nun ist $2\sqrt{3} > 3$, der Punkt liegt also, wenn ich zunächst das positive Zeichen in Betracht ziehe, außerhalb des Dreiecks oberhalb der Spitze; man überzeugt sich leicht, daß dies kein Minimum sein kann, da man sofort einen Punkt innerhalb des Dreiecks angeben kann, für den die Summe der drei Entfernungen kleiner gemacht werden kann. Der Wert mit dem negativen Zeichen, wobei also x auf der Verlängerung der Höhe jenseits der Grundlinie zu liegen käme, kommt erst recht nicht in Betracht.

22. Aufgabe. Zwei Geraden stehen zueinander senkrecht. Eine dritte schneidet von ihnen Stücke von a und b cm ab. Man betrachtet die Rechtecke, deren eine Ecke von den beiden Senkrechten gebildet wird, während die gegenüberliegende Ecke beliebig auf der Schnittgeraden liegt. Wann erreicht der Inhalt des Rechtecks seinen größten oder kleinsten Wert? — Sind x und y die Seiten des Rechtecks, dann verhält sich, wo auch der auf der Schnittgeraden wandernde Punkt liegt,

$$x : a = (b-y) : b,$$

also $\quad y = b - \dfrac{b}{a}x.$

Der Inhalt des Rechtecks ist also

$$I = x \cdot y = bx - \dfrac{b}{a}x^2.$$

---

[1] Nach einer Mitteilung von Herrn Daue-Mayen.

Um den Extremwert zu finden, setzt man

$$\frac{dI}{dx} = b - \frac{2b}{a}x = 0,$$

woraus
$$x = \frac{a}{2}$$

folgt und
$$I = \frac{ab}{4}.$$

Man sieht aber sofort, daß dieses Rechteck nicht einen Minimalwert des Flächenwertes hat, denn wenn man den wandernden Punkt sich dem einen oder anderen Schnittpunkt der Geraden mit den beiden Senkrechten nähern läßt, wird der Inhalt kleiner und kleiner, um schließlich Null zu werden. Und wenn andererseits der Punkt über diese Schnittpunkte noch hinaus wandert, dann nimmt der Flächeninhalt des Rechtecks Werte an, die jedes vorgeschriebene Maß überschreiten. Der errechnete Wert kann also weder ein Minimum noch ein Maximum sein.

d) Aus der Integralrechnung. 23. *Die graphische Darstellung der Funktion $y = \sin x$ ist die x-Achse.*[1)] Es ist $\sin 0 = 0$ und $\sin 2n\pi = 0$, wo n eine ganze Zahl ist. Das zwischen $x = 0$ und $x = 2n \cdot \pi$ liegende von der Funktion $y = \sin x$ und der x-Achse umschlossene Gebiet ist

$$\int_0^{2n\pi} \sin x \, dx = \left| -\cos x \right|_0^{2n\pi} = -1 + 1 = 0.$$

Schließen aber x-Achse und Kurve $y = \sin x$ keine Fläche miteinander ein, so müssen sie zusammenfallen.

24. log nat $(-a) =$ log nat a, *also z. B.* log nat $(-1) = 0$.[2)] In der Integralformel $\int \frac{dx}{x} =$ log nat $x + c$ ersetze man x durch $-x$, dann hebt sich im Integranden das negative Zeichen im Zähler und im Nenner weg und man erhält

$$\int \frac{dx}{x} = \log \text{ nat } (-x) + c.$$

---

1) Von Herrn E. Busekist-Berlin-Pankow eingesandt.
2) Auf diesen von Joh. Bernoulli herrührenden Trugschluß machte E. Jahnke in einer Besprechung der 2. Auflage dieses Bändchens im Archiv f. Math. u. Phys. III, **27** (1918) S. 157 aufmerksam.

Daraus folgt $\log \operatorname{nat} x = \log \operatorname{nat}(-x)$,
wie oben behauptet wurde.

25. *Ein Körper, der ebenso groß ist wie sein Doppeltes*.
Man lasse die gleichseitige Hyperbel $x^2 - y^2 = 1$ um die x-Achse rotieren, dann entsteht ein zweischaliges Rotationshyperboloid, dessen Scheitel beiderseits vom Nullpunkt im Abstand 1 auf der x-Achse liegen. Durch Ebenen $x = \pm 2$ schneide ich von beiden Schalen des Hyperboloids Stücke ab, deren Rauminhalt ich berechnen will. Aus Symmetriegründen ergibt sich unmittelbar, daß die beiden Hyperboloidabschnitte inhaltsgleich sind.

Ich berechne zunächst eine der Schalen, etwa die rechts vom Nullpunkt gelegene; ich integriere von $x = 1$ bis $x = 2$. Nach bekannter Formel ist

$$V_1 = \pi \int_1^2 y^2 dx = \pi \int_1^2 (x^2 - 1) dx = \pi \left| \frac{x^3}{3} - x \right|_1^2.$$

$$V_1 = \pi \left(\frac{2}{3} + \frac{2}{3} \right) = \frac{4}{3}\pi.$$

Sodann berechne ich beide Schalen, wobei ich von $x = -2$ bis $x = +2$ integriere. Also

$$V_2 = \pi \int_{-2}^{+2} y^2 dx = \pi \int_{-2}^{+2} (x^2 - 1) dx = \pi \left| \frac{x^3}{3} - x \right|_{-2}^{+2}$$

$$V_2 = \pi \left(\frac{2}{3} + \frac{2}{3} \right) = \frac{4}{3}\pi.$$

Beide Schalen sind also ebensogroß wie eine allein.

26. a) *Der Tangens eines jeden Winkels ist gleich der imaginären Einheit i.*[1]) Es ist $\int \sin x \cos x \, dx = \frac{1}{2}\sin^2 x$, aber gleichzeitig auch $= -\frac{1}{2}\cos^2 x$, wovon man sich ohne weiteres durch Differentiieren überzeugen kann. Hieraus folgt

---

[1]) Nach Mitteilungen von Herrn A. Hochmuth-Meerane-Sa. und Herrn M. Winkelmann-Jena.

Aus der Integralrechnung

$$\sin^2 x = -\cos^2 x$$
oder
$$\operatorname{tg}^2 x = -1,$$
also
$$\operatorname{tg} x = \pm i.$$

b) Ebenso läßt sich beweisen, daß *der Sinus eines jeden Winkels ± 1 ist*, mit anderen Worten, daß jeder Winkel ein Rechter oder ein ungerades Vielfache davon ist. Es ist

$$\int \frac{\sin x}{\cos^3 x}\, dx = \frac{\operatorname{tg}^2 x}{2} = \frac{1}{2\cdot\cos^2 x},$$

was man wiederum durch Differentiieren sofort bestätigt. Daraus folgt

$$\operatorname{tg}^2 x = \frac{1}{\cos^2 x}$$
oder
$$\sin^2 x = 1,$$
d. h.
$$\sin x = \pm 1.$$

c) Schließlich beweisen wir noch, daß auch der *Cosinus eines jeden Winkels ± 1 ist*. Wir integrieren

$$\int \frac{\cos x\, dx}{\sin^3 x} = \int \frac{d\sin x}{\sin^3 x} = -\frac{1}{2}\int d\frac{1}{\sin^2 x} = -\frac{1}{2}\cdot\frac{1}{\sin^2 x}$$

und andererseits

$$\int \frac{\cos x}{\sin x}\,\frac{dx}{\sin^2 x} = -\int \operatorname{cotg} x\, d\operatorname{cotg} x = -\frac{1}{2}\operatorname{cotg}^2 x.$$

Aus
$$\operatorname{cotg}^2 x = \frac{1}{\sin^2 x}$$
folgt
$$\cos^2 x = 1,\ \cos x = \pm 1.$$

VIII. EINIGE BEISPIELE AUS DER PHYSIK

1. *Grundlagen zur Konstruktion einer Zeitmaschine.* Es ist eine aus der Erdkunde bekannte Tatsache, daß Schiffe, die um die Erde fahren, an einer bestimmten Stelle, der Datumscheide, die ungefähr dem 180. Meridian folgt, das Datum gegenüber der richtigen Folge um einen Tag zurückrücken müssen, wenn sie von Westen nach Osten fahren; ebenso müssen sie das Datum um einen Tag vorausrücken, wenn sie die Datumgrenze von Ost nach West kreuzen.

Man denke sich jetzt den Fall, es gelänge, ein schnelles Flugzeug zu konstruieren, das in 23 Stunden einmal um die Erde fliegen könnte. Der Flieger käme dann, wenn er nach der eben gegebenen Regel verfahren hätte, bei einem Fluge in der Richtung von Westen nach Osten eine Stunde früher am Abflugsorte an, als er abgeflogen ist.

Leider läßt sich dieses Verfahren in unseren Breiten nicht in die Wirklichkeit umsetzen. Erfreulicherweise kann man aber noch auf andere Weise das Problem, beliebig in der Zeit vorwärts und rückwärts zu kommen, lösen. Man begibt sich an den Nordpol. Wenn man ihn in der Richtung von West nach Ost umkreist, so kommt man bei jeder Umkreisung um einen Tag zurück, da man ja beim Überschreiten der Datumgrenze einen Tag zurückzählen muß. Wie in die Vergangenheit kann man auch in die Zukunft hineingelangen: man braucht nur die Umkreisung des Poles in umgekehrter Richtung auszuführen. Konstruiert man einen Apparat, der für eine schnelle Rotation um den Pol sorgt, so müßte man mit ihm in kürzester Zeit die ältesten Leute wieder jung machen können. Ungeahnte Perspektiven eröffnen sich für die Geschichte; und auch der Blick in die Zukunft steht jedem offen.

2. Ein Luftschiff hat eine Eigengeschwindigkeit von c km in der Stunde. Es fährt mit dem Winde, dessen Geschwindigkeit in der Stunde v km betragen möge, nach einer Stadt, die l km entfernt ist. Dort angekommen, wendet es sofort und fährt jetzt gegen den gleichen Wind wieder zurück. Da die verzögernde Wirkung des Gegenwindes auf der Rückreise die gleiche ist wie die beschleunigende auf der Hinreise, und da die Strecke, auf der diese Beschleunigung oder Verzögerung wirksam ist, beide Male ebenfalls gleichgroß ist, so heben sich beide gegenseitig auf. Die Hin- und Rückfahrt wird also in $\frac{2l}{c}$ Stunden geschehen können. Ist z. B. $c = 80$ km, $l = 600$ km, so ist die Fahrzeit 15 Stunden. Man sieht, auf die Stärke v des Windes kommt es hierbei gar nicht an. Ganz gleichgültig, wie groß die Windgeschwindigkeit ist, immer wird das Luftschiff in 15 Stunden an der Abfahrtsstelle eintreffen können, denn die Verzögerung, die das Luftschiff etwa auf der Hinfahrt durch Gegenwind erfährt,

wird durch die Beschleunigung auf der Rückfahrt wettgemacht, vorausgesetzt, daß inzwischen nicht ein Wechsel in der Windgeschwindigkeit eingetreten ist.

Dies Ergebnis lehrt, daß das Luftschiff zurückkehren könnte, selbst wenn der Gegenwind auf der Hin- oder Rückreise der Eigenbewegung des Schiffes gleichkommt, ja wenn er diese übertrifft!

3. $\pi = 4$. In einem vertikal stehenden Kreise ist vom tiefsten Punkte A aus eine Sehne AB gezogen. Auf dieser bewegt sich reibungslos ein materieller Punkt von B nach A; in B ist die Anfangsgeschwindigkeit Null. Unter dem Einfluß der Erdanziehung ist die Bewegung gleichmäßig beschleunigt; die Beschleunigung ist $g \sin \alpha$, mithin

$$AB = \frac{g \cdot \sin \alpha}{2} \cdot t^2.$$

Nun ist $AB = AC \cdot \sin \alpha = 2r \cdot \sin \alpha$, mithin

$$2r \cdot \sin \alpha = \frac{g \cdot \sin \alpha}{2} \cdot t^2,$$

woraus
$$t = \sqrt{\frac{r}{g}}$$

folgt. t ist also unabhängig von α, alle von A ausgehenden Sehnen werden in gleicher Zeit durchlaufen.

Wir gehen nun zum mathematischen Pendel über. Ist der Ausschlag genügend klein, dann ist der Kreisbogen, den der materielle Punkt des Pendels durchläuft, durch die Sehne zu ersetzen. Nach der Pendelformel ist

$$t = \frac{\pi}{2} \sqrt{\frac{l}{g}},$$

wobei in unserem Falle $l = r$ ist. Wir haben also die Gleichung

$$\frac{\pi}{2} \sqrt{\frac{r}{g}} = 2 \sqrt{\frac{r}{g}},$$

woraus sich der merkwürdige Wert 4 für π ergibt.[1])

---

[1]) Herr Franke-Schleusingen, dem ich diesen Trugschluß verdanke, schreibt mir, er habe ihn vor 35 Jahren in einer württembergischen Zeitschrift gelesen, er sei aber an jener Stelle als etwas bereits Bekanntes hingestellt worden.

4. *Zur Kritik eines physikalischen Gesetzes.* Wenn ein Gas bei konstantem Druck durch Temperaturerhöhung um t^0 von dem Volumen v_0 bei 0^0 auf v_t ausgedehnt wird, so ist nach dem Gay-Lussacschen Gesetz bekanntlich

$$v_t = v_0 (1 + \alpha t),$$

wo α etwa $\frac{1}{273}$ ist.

Läßt man hingegen das Volumen konstant, so besteht zwischen den Spannungen p_t und p_0 bei t^0 und 0^0 die Gleichung

$$p_t = p_0 (1 + \alpha t).$$

Multipliziert man beide Gleichungen, so erhält man:

$$v_t \cdot p_t = v_0 \cdot p_0 (1 + \alpha t)^2.$$

Also ist das bekannte Boyle-Gay-Lussacsche Gesetz

$$v_t p_t = v_0 p_0 (1 + \alpha t) \qquad \text{falsch?}$$

5. *Wenn zwei dasselbe beobachten, brauchen sie nicht dasselbe zu beobachten.* Die Naturwissenschaften setzen doch als selbstverständliche Vorbedingung ihrer Forschung voraus, daß zwei Beobachter der gleichen Tatsache das gleiche Ergebnis finden, abgesehen natürlich von den geringfügigen Unterschieden, die durch die Geschicklichkeit, die Sinnenschärfe u. dgl. gegeben sind. Daß es mit diesem Grundsatz schlecht bestellt ist, lehrt die folgende schöne Geschichte: Ein Physiker, ein Zugführer und ein Streckenwärter stehen beieinander. „Warum pfeift denn die Lokomotive, wenn sie herankommt, hoch, wenn sie wegfährt, tief?" fragt der Physiker. „Weil es die Eisenbahndirektion so befohlen hat," antwortet der Streckenarbeiter, „das machen alle Lokomotiven, die bei mir vorbeifahren." „Aber das ist ja gar nicht wahr," sagt der Zugführer, „sie pfeift ja immer gleich hoch; ich muß es doch wissen!"

Die angeg. Grundpreise sind mit der Schlüsselzahl des Börsenvereins zu vervielfältigen.

Aus Natur und Geisteswelt
Jeder Band kartoniert M. 1.30, gebunden M. 1.60

Mathematik

Naturwissenschaften, Mathematik und Medizin im klassischen Altertum. Von Prof. Dr. J. L. Heiberg. 2. Aufl. Mit 2 Figuren. (Bd. 370.)

Einführung in die Mathematik. Von Studienrat W. Mendelssohn. Mit 42 Fig. i. T. (Bd. 503.)

Arithmetik und Algebra zum Selbstunterricht. Von Geh. Studienrat P. Crantz. Mit zahlr. Fig. I. Teil: Die Rechnungsarten. Gleichungen ersten Grades mit einer und mehreren Unbekannten. Gleichungen zweiten Grades. 7. Aufl. Mit 9 Fig. im Text. (Bd. 120.) II. Teil: Gleichungen. Arithmetische und geometrische Reihen. Zinseszins- und Rentenrechnung. Komplexe Zahlen. Binomischer Lehrsatz. 5. Aufl. Mit 21 Textfiguren. (Bd. 205.)

Lehrbuch der Rechenvorteile. Schnellrechnen und Rechenkunst. Von Ing. Dr. J. Bojko. Mit zahlreichen Übungsbeispielen. (Bd. 739.)

Graphisches Rechnen. Von Prof. O. Prölß. Mit 164 Fig. i. Text. (Bd. 708.)

Die graphische Darstellung. Eine allgemeinverständliche, durch zahlreiche Beispiele aus allen Gebieten der Wissenschaft und Praxis erläuterte Einführung in den Sinn und den Gebrauch der Methode. Von Hofrat Prof. Dr. F. Auerbach. 2. Aufl. Mit 139 Fig. i. Text. (Bd. 437.)

Praktische Mathematik. Von Prof. Dr. R. Neuendorff.
I. Teil: Graph. Darstellungen. Derfürzt. Rechnen. Das Rechn. m. Tabellen. Mech. Rechenhilfsmittel. Kaufm. Rechnen im tägl. Leben. Wahrscheinlichkeitsrechnung. 3. Aufl. [U. d. Pr. 23.] (Bd. 341.)
II. Teil: Geom. Zeichnen, Projektionslehre, Flächenmessung, Körpermessung. Mit 133 Fig. (Bd. 526.)

Kaufmännisches Rechnen zum Selbstunterricht. Von Studienrat K. Dröll. (Bd. 724.)

Die Rechenmaschinen u. d. Maschinenrechnen. D. Reg.-Rat Dipl.-Ing. K. Lenz. 2.A. [J.Db.23.] (490.)

Maße und Messen. Von Dr. W. Block. Mit 34 Abbildungen. (Bd. 385.)

Einführung in die Vektorrechnung. Von Prof. Dr. F. Jung. (Bd. 668.) [In Vorb. 1923.]

Einführung in die Infinitesimalrechnung mit einer histor. Übersicht. Von Dr. G. Kowalewski. 3. verb. Aufl. Mit 18 Fig. (Bd. 197.)

Differentialrechnung unter Berücksichtigung der prakt. Anw. in der Technik, mit zahlr. Beisp. u. Aufg. versehen. Von Studienrat Dr. M. Lindow. 4. Aufl. Mit 50 Fig. im Text u. 161 Aufg. (Bd. 387.)

Integralrechnung unter Berücksichtigung d. prakt. Anw. in der Technik, mit zahlr. Beispielen u. Aufgaben versehen. Von Studienrat Dr. M. Lindow. 3. Aufl. Mit 43 Fig. im Text u. 200 Aufg. (Bd. 673.)

Differentialgleichungen, unter Berücksichtigung der praktischen Anwendung in der Technik mit zahlreichen Beispielen und Aufgaben versehen. Von Studienrat Dr. M. Lindow. Mit 38 Figuren im Text und 160 Aufgaben. (Bd. 589.)

Ausgleichungsrechnung nach der Methode der kleinsten Quadrate. Von Geh. Reg.-Rat Prof. E. Hegemann. Mit 11 Figuren im Text. (Bd. 609.)

Planimetrie zum Selbstunterricht. Von Geh. Studienrat P. Crantz. 3. Aufl. Mit 94 Fig. (Bd. 340.)

Ebene Trigonometrie z. Selbstunterr. Von Geh. Studienrat P. Crantz. 3. Aufl. Mit 50 Fig. (Bd. 431.)

Sphärische Trigonometrie z. Selbstunterr. V. Geh. Studienr. P. Crantz. Mit 27 Fig. (Bd. 605.)

Analytische Geometrie der Ebene zum Selbstunterricht. Von Geh. Studienrat P. Crantz. 3. Aufl. Mit 55 Figuren. (Bd. 504.)

Geometrisches Zeichnen. Von Zeichenl. A. Schudeisky. Mit 172 Abb. im Text u. a. 12 Taf. (Bd. 568.)

Einführung in die darstellende Geometrie. Von Prof. P. B. Fischer. Mit 59 Fig. (Bd. 541.)

Projektionslehre. Die rechtwinklige Parallelprojektion und ihre Anwendung auf die Darstellung technischer Gebilde nebst Anh. über d. schiefwinklige Parallelprojektion, in kurzer leichtfaßl. Darst. f. Selbstunterr. u. Schulgebrauch. Von Zeichenlehrer A. Schudeisky. Mit 208 Fig. i. Text. (Bd. 564.)

Grundzüge der Perspektive nebst Anwendungen. Von Prof. Dr. K. Doehlemann. 2. verb. Auflage. Mit 91 Figuren und 11 Abbildungen. (Bd. 510.)

Photogrammetrie. Von Dr.-Ing. H. Lücher. Mit 78 Fig. im Text u. a. 2 Tafeln. (Bd. 612.)

Mathematische Spiele. Von Dr. W. Ahrens. 4. verb. Aufl. Mit 1 Titelbild u. 78 Fig. (Bd. 170.)

Das Schachspiel und seine strategischen Prinzipien. Von Dr. M. Lange. 4. Aufl. Mit 1 Schachtafel und 43 Diagrammen. (Bd. 281.)

Verlag von B. G. Teubner in Leipzig und Berlin

Anfragen ist Rückporto beizufügen

MIX
Papier aus verantwortungsvollen Quellen
Paper from responsible sources
FSC® C105338

If you have any concerns about our products,
you can contact us on
ProductSafety@springernature.com

In case Publisher is established outside the EU,
the EU authorized representative is:
**Springer Nature Customer Service Center GmbH
Europaplatz 3, 69115 Heidelberg, Germany**

Printed by Libri Plureos GmbH
in Hamburg, Germany